WIKIGUIDE
TO
BASIC CARE
OF
HOUSEPLANTS

生活系
008

植物夥伴疑難雜症照護事典

— 陳坤燦 著．陳怡今 繪 —

銀河舍

CONTENTS

植物豆知識

請問我的植物
Q&A

Question

我的熊童子被我在澆水過程中，不小心摔倒折到葉子，我需要把撞到的那一葉，整葉拔除嗎？受傷的區域，會不會因此而細菌感染呢？

Answer

熊童子因為「人為因素」造成的撞傷或葉子斷裂，首先判斷：「葉子折損的嚴重程度。」

●葉子折到的傷口小

可以考慮不理會。在不影響美觀的狀況下，保持環境通風，葉子折到的地方，就會逐漸乾燥，乾燥之後會結成類似一個傷疤，讓病菌無法進去。結疤，對植物的美觀多少有點影響，但不是那麼嚴重的情況下，建議可斟酌保留。剪葉需要考慮整體，如果熊童子才幾片葉子，一旦一邊剪除，整體就缺了一角。除非是很明顯的葉子破碎裂開的傷，除此都可以保留。

●葉子嚴重折裂破碎

多肉植物的葉片肥厚多汁，是病菌的溫床。如果葉子有破損或是被蟲子咬傷，只要有大傷口，都需要把受傷部位切除，最好是「全葉切除」。不管是熊爪受傷或者是葉片中間受傷，都要從葉片的「基部」整片切除。從這裡切葉造成的傷口最小。請一整葉切除，不是拔除。

●摔得很嚴重

有時候是整株倒頭栽，可能存在著我們眼睛看不到傷口。剪枝，就剪到眼睛看得到的受損的部分。

Plant

多肉植物

基部

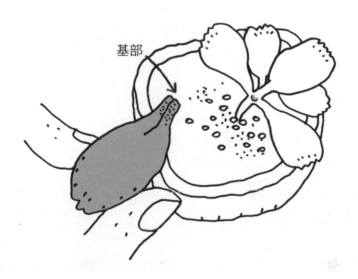

Q&A
1

Points

★ 切除局部時，使用銳利的刀子。

★ 不用塗酒精或消毒水。保持通風即可。

★ 澆水時，水不要淋到傷口。

Question

我的熊童子葉子本來胖胖的，但是最近不知為什麼，葉子開始有點軟軟的、垂垂的，看起來很沒有精神的樣子，是因為水給得太少的關係嗎？

Answer

Plant

多肉植物

熊童子的葉子變軟垂，通常是「給水問題」。請依以下狀況調整。

給水問題又分為：「水給得太頻繁」，以及「水給得太少」。

●水給得太少

多肉植物的葉子要胖，要有足夠的水分才會胖，因為葉子是儲藏水分的地方。以熊童子來說，當水分提供嚴重不足的狀況之下，葉子的水分慢慢耗光之後，細胞內的水無法支撐整株植物，就會萎掉。特別是給水太過謹慎，平日澆水只是澆個一點點，根本沒有達到「澆透」目標。水澆得太少，不夠植物吸收，就會造成植物一直處在乾渴的狀態。一旦植物體內的水分耗光，植物就萎軟了，嚴重的話，靠近底部的葉子就會開始脫落。

●水給得太頻繁

水給得太多則會造成爛根，根爛光了，植物沒辦法吸水，所以葉子急遽變軟。給水時，若沒等到土壤的水分乾透，就再次進行澆水，會讓介質一直處於很潮濕的狀態。多肉植物多半無法忍受根部一直浸在水裡，所以根就會爛掉。

Q&A
2

Points

★ 澆透：澆水時，澆到水從盆底下的洞口流出為止。

★ 澆水與流速無關，種植多肉植物的介質本來就鬆，水澆下去就會流出來。

★ 盆子選有「排水孔」。

★ 如何判斷土已乾透？

　❶ 重量。植物澆過水，介質吸了水，有澆跟沒澆的重量完全不同，可以用雙手秤量重量的差別。變輕了，澆水；變重了，不要澆。

　❷ 在盆土裡插一根牙籤或竹棒。插進去之後正常澆水，澆過水之後拿出來看，棒子濕濕的，隔幾天再看，棒子變乾，就可以再澆水。

我的熊童子養了大半年了，葉子長得還不錯，但是一直養不出像是擦了紅色指甲油的葉子？是因為我的熊童子營養不良的關係嗎？

環境好才能變紅

有些多肉植物屬於「顯色派」，像是景天科的女雛、唐印、虹之王。一旦植物本身曬足太陽、冬天時所處的環境夠低溫，植物的葉子就會變成紅色，這是植物體內花青素的合成轉換所造成的現象。與品種和營養無關，而是「環境因素」造成。

想要家裡的熊童子的葉子末端（俗稱「爪子」的地方）就像擦上紅色指甲油般可愛，必須符合「溫度夠涼」和「日照夠曬」，這兩個條件。冬天，讓熊童子所處環境保持溫度夠低、日照夠強，這樣一來，熊童子的「爪子」就會變紅。而日照很強的夏天，但正逢高溫，所以爪子不會變紅。

通風，對熊童子來說很重要，能夠讓太陽透光的室內窗邊，或是窗外、開放式的陽臺、院子，只要不會淋到雨的位置都適合。打造讓熊童子不淋雨、多日曬，再加上入夜後低溫的環境，不久就可以看到擦紅指甲的爪子了。

即使是放在家中靠窗邊的環境，也算很勉強，最好是放在「戶外的陽臺」。若家裡沒有陽臺，可以在出太陽的日子，將熊童子移出去曬，只要不淋到雨即可。萬一下雨，則一定要移回室內。偶爾淋到雨，只要保持通風，讓滯留葉片的水分很快乾掉，就無大礙。

Plant
多肉植物

Points

★ 熊童子休眠期不要澆水。

我的石頭玉剛買回來時，一大半都埋在土裡，就跟石頭一樣。聽說石頭玉喜歡曬太陽，所以我養在室內陽臺旁。但是最近石頭玉整個抽長、長好高，石頭玉長大都會變高嗎？還是我買到了特殊品種？

Answer

喜歡曬太陽的天性

石頭玉的主要原產地是非洲的納米比亞沙漠，它的生長環境陽光強烈，周圍毫無遮蔽物，造就了石頭玉天性需要非常強烈的陽光。石頭玉在原產地是一種「半地下化植物」。葉片外形類似石頭的形狀，在原產地多半埋在土裡，只露出上面的花紋圖案。它的底下有個很硬的莖，再從莖長出根。

Plant
多肉植物

● 光強度不足

一般台灣種植的石頭玉多只有「半埋」在土裡、或「只埋根」讓身體露出。石頭玉會整個抽高，代表環境提供的「光強度嚴重不足」。居家栽培如果放置在室內陽臺，陽光多半透過整片玻璃散射進來，有些玻璃本身會過濾掉光裡的波長，造成光強度不夠。光不夠，石頭玉就會「陡長」。植物一旦陡長，外形已不可逆，無法恢復。

● 通風

有時台灣連續下幾天的雨，濕度就會很高。為了避免石頭玉受潮，務必讓環境保持空氣流通。陽光盡量充足、通風良好、不淋到雨，是石頭玉最佳栽培環境三大元素。想要石頭玉不陡長，外形不走樣、不壞掉，這三大元素一定要掌握。

Q&A
4

Points

★ 多肉植物不全然是需要太陽直射環境，石頭玉受原生環境影響，比較極端。

★ 陽光不足，石頭玉的外形就會走樣。可以在低溫期進行曝曬，不能只放在室內。

我的石頭玉最近澆了幾次水之後，竟然爛掉了！是我水給的太多的關係嗎？我要怎麼判斷水要澆多少？

Answer

Plant

多肉植物

休眠期不喝水

石頭玉的種類很多，大部分種類都是「高溫期休眠」。因為在原產地高溫期間是休眠不動的。休眠，就是睡覺，停止生長。所以，它會產生一個不同的外觀。生長期的石頭玉，外觀呈現粉嫩的顏色，長得胖胖的，看起來Q彈Q彈的。反之，休眠期外觀會皺巴巴的、不太好看。

它在原產地休眠期是幾乎沒有半滴水的狀況，如果我們在石頭玉高溫休眠期強迫給水，會造成石頭玉該睡的時候沒有睡因而衰弱，再加上水分養分轉換不完全，外形還沒皺縮裡面的芽就開始生長，一顆石頭玉會長成兩顆。形成外形未消退，裡面的新芽逐漸長大，破皮而出的狀況。一旦撐破形成傷口，就很容易讓病菌侵入造成腐爛死亡。

正確澆水法

夏天高溫期完全不給水。因應每個人照養的環境不同，可以依天氣變熱開始慢慢節制給水。由本來一兩週給一次水，接著間隔時間更久，最後不澆水，讓它越夏。等到天氣轉涼，石頭玉開始破皮冒芽而出，便可恢復供水。澆水的重點是，不要澆到植株上面。

水不淋到植株

我的石頭玉剛買回來是粉色，摸起來QQ的，一直都長得不錯。但近來開始變得灰灰的、乾乾扁扁的，還會脫皮，是生病了嗎？

Plant

多肉植物

會脫皮的石頭玉

當石頭玉開始變得乾乾扁扁的，就是在進行「休眠」了。不同種類的石頭玉，在休眠期外形就是皺巴巴的樣子。石頭玉的近緣植物，不管是小石頭玉或者大石頭玉，都會休眠。

一般人對石頭玉的生態不理解，當石頭玉的皮皺了，直覺認為是缺水，就猛澆水，於是造成它生長不良，甚至死亡。因為澆水太頻繁，而讓石頭玉裂開。容易讓菌入侵，使得石頭玉整個爛掉。

石頭玉演化成類似石頭半埋在土裡，就是不想讓動物發現。但是，台灣養植的石頭玉，因為天氣較為潮濕的關係多半會露出土面栽培，但是老鼠、蟑螂這一類動物就可能來吃它，造成傷口。

當石頭玉在新舊交替期，舊的葉片養分耗光，就剩一層皮，脫掉的皮，就是舊皮。石頭玉脫皮是正常狀況，不是生病。不用刻意將皮撕掉。在台灣不容易看到它正常完整脫皮的狀況，最主要是台灣的空氣濕度太高，天氣太炎熱。

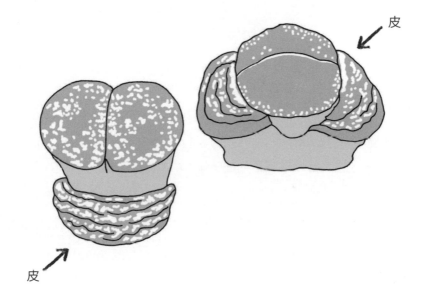

皮

皮

Q & A
6

Question

本來我的十二之卷每一片葉子都很翠綠、很飽滿。後來，有一片的葉子開始出現一點點黃紅色塊。我的照護方法一直都沒有改變，難道是不小心弄傷它了沒有發現？

Answer

Plant

多肉植物

多肉植物的十二之卷葉子變色，依照以下幾個可能，形成不同的變色狀況。

●「**曬傷**」：十二之卷是「半日照」就可以生長的植物，全日照反而會讓葉子變紅。請多留意日照是不是過強，絕不能過度曝曬，一旦曝曬過度，就會造成「變紅」。

●「**凍傷**」：通常是極端的氣候所造成的。比如，寒流。因為天氣太冷造成的凍傷，會讓十二之卷整個植株凍傷。

●**病害**：一開始有些病害可能是局部某一片變紅，這種情形可能就是病害。

●**嚴重的介質劣化**：植物會進行新陳代謝排泄，施肥剩餘累積太多，就會讓土壤裡的礦物離子變多。當介質太久沒有更換，累積了太多的鹽分，就會讓十二之卷的葉片變紅。

基於上述的原因，再來分析家中養植的十二之卷變紅可能的原因，進行對症下藥。

曬傷

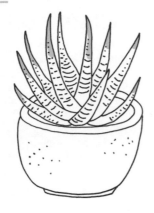

凍傷

病害

Points

★ 十二之卷適合半日照。

我家裡的十二之卷的爪子尖端居然枯掉了，平時也有讓它曬太陽，不知道為什麼會發生這樣的狀況。葉尖枯掉了，還有機會救活嗎？

Answer

　十二之卷葉的葉尖會枯掉，通常是「病害」造成。一般會誤以為乾枯，多半是曬傷或太乾燥。病害是炭疽病的機會比較大。炭疽病，會讓葉子慢慢地枯，放著不管的話，最後可能整株枯死。一開始只有末端枯，後來會愈枯愈多，通常為了救命，多以噴殺菌劑解決。

Plant

多肉植物

處理方法

●把十二之卷的末端捏掉

末端乾枯的地方，已經有點脆化了。只要稍微用手指一捏，很容易就掉了，如果它沒有繼續往下方擴散的話，就可以不要理會；如果它持續地一直枯，而且不只一片，接著第二片、第三片也開始枯，這個時候就表示病害已經傳染開來了。

●澆水在葉子上

　患處捏除後，澆水時不要「澆到葉子上面」，避免病菌繼續發作、蔓延開來。進一步再針對植物進行噴殺菌劑處理。噴殺菌劑時，讓「整棵植物」都沐浴在藥劑底下，才能達到防治的效果。沒有生病的地方少量噴到，不會受到影響。一般來說，十二之卷這種尖葉子的多肉植物，發生末端乾枯的情形在所難免，但是情況通常不很嚴重，多半可以無事。但是有些特定的種類可能比較容易蔓延成斑塊，需要注意。

Q&A

Points

★ 當一株植物患病，也要觀察附近的植物是否也有相同狀況。

★ 患病的植物要先隔離開來，以免病菌傳播。

我家裡的十二之卷養了一年了，都沒有開花。是不是需要餵營養品，營養充足了，才有助於開花？如何判斷這類的多肉植物會不會開花呢？

Plant

多肉植物

Answer

會開花但不美的植物

　十二之卷會開花，但是屬於「開花沒有很好看」的一類。它的花朵偏灰色，整體來說不顯眼，花朵又小。開花時會長出一根長長的花梗，跟植物本身不成比例。除非有育種的必要，在開花時授粉。否則，建議花梗在還很嫩的時候，從它的基部直接拉斷，不要把無謂的養分浪費在上面。

　多肉植物開不開花要看「種類」。有的是熱的天氣下開花，有的是涼爽的氣溫下開花。天氣涼或熱都有可能，有的開花不明顯，讓你不覺得它在開花。有的開花很漂亮。

多肉植物的開花條件

　一種是「植物達到成熟的年齡」，多大年齡才會開花，也要看種類而定。有的則是要達到「特定的環境條件」。比如，日照要夠，或者夠低溫、夠高溫，才能刺激開花。如果達不到上述的條件，就未必會開花。

Q&A
9

Question

我的乙女心買回來之後，放在家裡的客廳，居然不到一個禮拜，就爛掉了！是買到快死的嗎？

Answer

仙人掌或是其他多肉植物，如果在很快的時間內就爛掉，多半得到「軟腐病」。軟腐病：指植株變得軟軟的、有腐爛的情形，有人用「果凍化」來形容。造成軟腐病有兩個病因，一是細菌性造成的軟腐病，一是真菌（黴菌）。這兩個病因都會讓多肉植物在短時間內腐爛。

Plant
多肉植物

● **細菌造成的軟腐病**

發作的速度非常快，可能幾天沒事，過沒幾天已經爛成一坨。因為病菌會在植物體內擴散地非常快，這個菌會產生分解酵素，會讓植物的細胞崩解，會發生爛成一攤的樣子。

● **真菌（黴菌）造成的軟腐病**

植株也會爛葉子脫落的情形，在高濕度狀況下可能會有發霉的菌絲。

這兩類病菌都在讓葉子軟爛或掉葉，葉子因為失效會從離層掉下來，看起來有點透明狀，其實細胞已經被分解了，變成水水的樣子，最後潰爛。照護者澆水過於頻繁，或者澆水時整株植物淋到水（植物本身可能在栽培過程造成折損，或者蟲咬的小傷口），便很容易讓菌入侵。菌一旦進入植株，發作的速度就會很快，最後導致爛掉。

搶救提點

若已經發病的只能選擇丟掉。噴藥，要在「病發前噴」，才能抑制發作。病發了才噴，已經來不及了。甚至好的葉子都無法留下來孵葉子。剩下的葉子只會一片接著一片爛掉。

果凍化

Q&A
10

Points

★ 選購多肉植物時，注意不要有明顯的外傷。若傷口已結疤則無傷大雅。

★ 多肉植物給水千萬「不要澆到植株身上」。澆水不慎，是生病的主因。

Question

我家裡的石蓮，葉子整個散開來、癱軟了，一副沒有精神的樣子，是怎麼一回事？

Answer

Plant

多肉植物

石蓮會發生癱軟的情形，有幾個可能：

1 光不夠。沒有直射陽光，會讓石蓮「徒長」，葉子變得細長而軟化。當石蓮的葉子癱軟時，再移去曬太陽也無法挽救，因為石蓮外觀變形了，是不可逆的。

2 根壞掉。當石蓮的根沒有辦法吸水，就會造成整株癱軟。

3 澆水太頻繁。給水太頻繁的情形下，造成根爛掉。

改善方法

● 逐步移到光線充足的地方，以一週左右為參考，慢慢地往光源處移動，不要突然一下子改變植物的環境，因為徒長的葉子突然曬到太陽會曬傷。癱軟的石蓮葉子已經變形了，不會變正常，但是把它逐步移到光源正確的地方之後，新長出來的葉子，就會恢復正常。舊的葉子，癱了就癱了，植物本身的新陳代謝會自動換掉舊葉。

● 砍頭，已經軟趴的葉子，整叢直接切掉，有機會從莖部再長出來。

● 正確澆水方式給水。當我們提供的水足夠，光也夠，絕對可以讓石蓮像花一樣漂亮。

Points
★ 若根部發現介殼蟲，牠會吸取根部水分，也有可能讓葉子癱軟。

COLUMN
1

多肉植物給水豆知識
· · · · · · · · · ·

【 給水技巧 】

1 土壤乾濕分明
多肉植物要養得漂亮、葉子飽滿、株形呈現該有的樣子,就要讓介質乾濕分明。如果頻繁給水,植物反而不會胖,嚴重的話甚至會爛根。

2 澆透
澆水澆到水從盆底的排水孔流出來,叫作「澆透」。

整盆植物淋過一次,不要淋到「植株」,建議買尖嘴的澆水壺,直接把水澆到「介質」上面。不建議用噴霧器,容易將整株噴得濕濕的。若植物不小心淋到水,只要保持環境通風,很快可以風乾。

【 如何判斷給水時間 】

●掂掂看，當盆栽變輕了就澆水，仍然有重量就不要澆。

●天氣熱的時候，澆水的頻繁程度反而要拉更開。大多數的多肉植物喜歡涼爽的氣候，天氣炎熱的時候把澆水的間隔拉開，對多數多肉植物來說，不會造成影響。

Question

我的空氣鳳梨外形變了，原本顏色是健康的色澤，銀銀綠綠的。但是最近葉子開始變得軟軟爛爛的，整個外形和之前飽滿的樣子不一樣了，一副沒有精神的樣子，是否沒得救了？

Plant

空氣鳳梨

Answer

空氣鳳梨的軟爛，有以下兩種情況。

第一種狀況，從「外圍」的地方開始壞，顏色變得有點枯黃，摸起來有點軟軟爛爛的，就有可能生病了。可以把「爛掉的葉子剝除」，刻意讓它暫時保持乾燥，澆水時間延長，擺放位置要通風，或許有機會恢復原狀。

第二種狀況，「壞在芯」（位在正中心的地方），空氣鳳梨中心的基部，會開始枯黃爛、由原本的銀綠色，或者純綠色、淺綠色，轉變為黑色，甚至開始掉葉子，病菌入侵到生長點，只能丟掉。

處理方法

●抽拔爛葉，初步判斷病因

可以試著輕輕地抽抽看爛掉的葉子，如果生病有時輕輕一拉，就可以拉掉葉子。如果輕拉壞掉的葉子拔不掉，就不太會是生病，而是「自然老葉」。

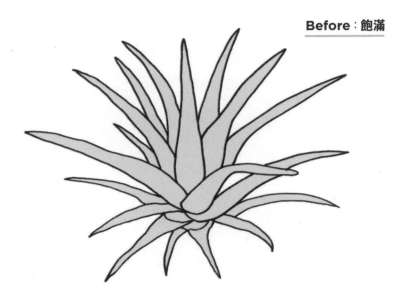

Before：飽滿

Q&A
12

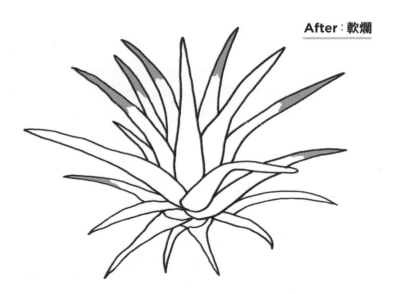

After：軟爛

家裡的空氣鳳梨原本毛絨絨的、葉片飽滿，不知道是不是平時水給得太少的關係，現在底部整個變瘺，拿在手上也明顯變輕了……

Plant

空
氣
鳳
梨

Answer

雖然空氣鳳梨被喻為地球上最強的植物，當照護者提供的水分不夠，空氣鳳梨在靠近底部周圍的最下層，也就是稱為「基部」的葉子，就會開始乾枯，這就是就是「水分不足」的表現。

一般照護者容易有刻板印象，覺得空氣鳳梨好像不太需要給水。或者少量的水也能活。事實上，空氣鳳梨比一般人想像中還更需要水分。而一般都市的室內環境，因為光線不足，其實不適合養空氣鳳梨。

空氣鳳梨給水法

給水時，千萬不要小氣。只用噴水的方式給水，有時無法充足給水，建議將整株空氣鳳梨「淋透」，或者將空氣鳳梨整個泡在水裡，再拿出來輕輕甩乾。泡水時間不宜太久。輕壓進水桶裡，完全浸到水後，就可以拿起來了。

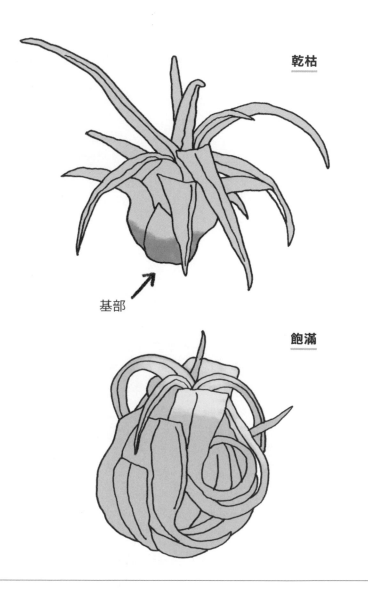

乾枯

基部

飽滿

Q&A
13

Points

★ 擺放的位置一定要通風，讓澆過水的葉子可以很快乾掉，否則容易生病、
　變黑。

空氣鳳梨

Question

我的空氣鳳梨本來肉肉的，現在都皺了，變得有點乾扁乾扁的。這是營養不良造成的嗎？可以補充什麼營養品改善？

Answer

不同種類的空氣鳳梨，耐旱程度不同。葉片厚的耐旱，反之，葉片細長、薄嫩的就不耐旱。及時和充足澆水是避免乾旱，讓葉片不變皺的方法。

空氣鳳梨靠麟片吸水

不管哪種品種，當空氣鳳梨發生乾扁、葉子不飽滿的情形，就是「缺水」了。空氣鳳梨比較沒有營養不良的問題，通常空氣鳳梨是連肥料都不需要的植物，它靠葉片吸收水分就可以活。

它生長的原生地是環境乾燥的地區，日夜溫差大，常常讓空氣中的水分會凝結在葉子上。葉子上的鱗片夾縫容易附著水分，讓水分可以從葉片吸收進去。當我們噴水或者泡水把空氣鳳梨淋濕，就是因為我們居住的濕度未必能夠凝結露水，而透過用澆水的方式提供水分。

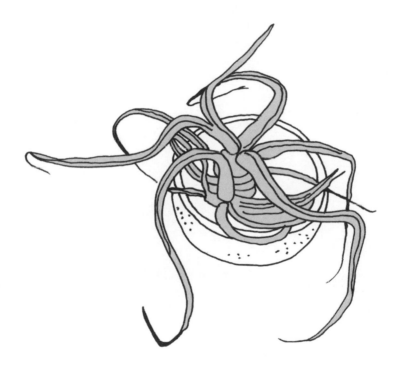

Q&A
14

家裡的非洲菫葉子長得太茂盛了，每次澆水都很苦惱，總是澆得滿桌子水，是否有方便又聰水的澆水方式？

Plant

苔苣苔科

葉子不要淋水

　　非洲菫的葉子有密絨毛，比較忌諱水直接澆在葉片上，有可能因此造成葉片滯留水分，形成水傷甚至腐爛。有時種植的非洲菫盆底下會接一個水盤，要留意不要讓水盤一直處於有水的狀況，浸水的根容易受損。

聰明澆水法

　　盆底墊一個透明的飲料杯，剪一條綿線，或者把舊絲襪橫剪開拉開成一條條，從非洲菫盆底下的洞穿進去，讓綿線垂進透明杯子裡，藉由毛細現象讓水由綿線上升到盆中，植物的根就可以吸到水。這樣的狀況下照護者可以一、兩個禮拜都不用澆水，只要水沒有了，再添加水即可，照顧起來輕鬆愉快，也不會讓植物底部泡在水裡。

1　盆底穿綿線

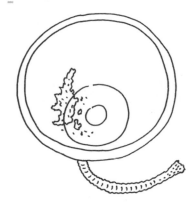

2　上方盆栽

3　盆栽結合透明水杯

Question

我家裡的非洲菫好不容易開了花，但是花朵沒辦法完全地舒展開來，而且葉子有點捲起來，是營養不夠才這樣嗎？

Answer

非洲菫的花沒辦法展開來，而且葉子有點捲曲，有幾個可能性，葉子跟花朵要分開來討論。

●花朵沒有辦法展開來。一個可能是本身「花的特性」，有些花天生就是半開的，或者重瓣，因此花朵會呈現結成球狀、舒展不開。另一個可能是，花瓣要展開時，照護者突然改變「水分供應」狀況，不是按照平常的給水頻率，造成植物乾過頭或者濕過頭，這兩者可能。

另外，照護者提供的「環境，溫度和濕度突然大幅度改變」，可能甚至嚴重造成花苞枯萎。尤其「溫度的劇烈改變」是主因。建議當非洲菫正逢開花苞之時，不要移動位置。改變環境，意謂著植物需要重新適應溫度和濕度。

●非洲菫葉子捲曲。多半跟「環境因素」有關。包括：濕度，還有土壤的水分。另外，太悶熱的環境、空氣太乾燥，也會造成葉子捲縮、翹起來。當根部受傷，不利於水分吸收，葉子也會捲起來。當盆子裡的氣溫太高、介質乾過頭或是濕過頭，就會讓非洲菫的根不健全，造成水分吸不夠。根部不健全，其實是看不到的，必須把根部取出才知道。一般可以從「澆水的頻率」和「個人環境」，開始檢討，進而調整照護方法。

Plant
菫菜苔科

Q & A
16

我的非洲菫新葉絨毛變少了，而且有幾片葉子已經有軟爛的跡象，我要如何保護剩下沒有軟掉葉子呢？

Answer

非洲菫的新葉絨毛變少

當非洲菫新葉變得亮亮的，而且鼓起來的樣子，就可能得了「仙客來葉蟎」，這是非洲菫很討厭的蟲害，這個害蟲很小，眼睛幾乎看不太到，當牠刺吸非洲菫的葉片，葉片受到刺激就會直接鼓起來，形成絨毛變得稀疏的情形，其實絨毛的總量沒有變少，因為葉片鼓起把絨毛撐開，所以視覺上覺得絨毛變少了、葉片有點亮亮的且縮小。一旦發現這個狀況，可能害蟲已經在這個植株裡面到處都有了。可以噴灑殺蟎劑。

Plant
葺葺葺科

非洲菫的葉子爛掉

非洲菫適合的溫度是23度到25度，台灣的夏天很容易超過這個溫度，讓植物熱衰竭，非洲菫的根部壞死，葉片會縮小、捲縮、葉子發黑，甚至變得軟爛，一整棵就癱了。

非洲菫搶救法

最壞的情況就是「砍頭重來」。將非洲菫整個挖出來，底下整個切掉。切下來之後，移到培養土上面做扦插，重新長根。非洲菫本來就是適合室內光線的植物，很適合一般上班族辦公室的燈光下種植。照護的環境在辦公室相對好養，居家就相對難養，因為人們不在家多半不會開冷氣，環境較悶，特別不容易越夏。

切的位置

Points

★「砍頭」這個俗稱,不是砍葉子,是砍「莖」,又叫做「胴切」。「胴」,指身
　體的意思,「胴切」,指把植物的身體切開。

Question

聽說大岩桐是一種很會開花的植物，我是喜歡賞盆花的人，所以大岩桐是我的首選。可是，不知道為什麼我的大岩桐買來也半年了，竟然一直沒開花？

Answer

大岩桐不開花有幾個可能。

Plant
苦苣苔科

●**養分不夠**。準備開花的大岩桐需要很多的養分。養分不足無法開花。可以使用「開花專用」的肥料，以供應開花的需求。

●**肥料的氮肥過多**。肥料的主要成分是氮磷鉀，而氮肥是長葉子專用。如果照護者提供的肥料，氮肥比例太高，就會讓葉子長得很大、很旺盛，但是會延後開花，或甚至造成不開花。除了大岩桐，非洲菫也需要肥料。非洲菫肥料不夠時，植株無法長得很旺，但仍會開花。可是大岩桐不一樣，大岩桐的花很大朵，對養分的需求高，最嚴重的情形就是不開花，所以肥料對大岩桐開不開花來說，十分重要。

●**光線不足**。通常可能是照護者栽培的地方「光強度不夠」。大岩桐的最佳的居住環境，需要的陽光不直射，但很明亮的光線，移至室內只靠電燈照，不足以讓大岩桐開花。

最適合大岩桐居住的環境

首選是「陽臺內側」或是「室內窗邊」，窗邊必須是有光斜射進來的狀況。

我聽說大岩桐一旦開過花,就要砍頭!否則無法開更多的花?那麼我要怎麼砍,才是正確的呢?怎麼分辨哪些要砍,哪些不能砍?

Plant
菁華百科

Answer

「砍頭」促進開花

　　大岩桐開花後就要進行修剪。因為大岩桐有花枝,開過花的枝會有老化的情形,不太會再開。把「枝」剪掉之後,可以刺激植物重新發新的枝,就能再次開花。

1 **把枝剪掉等於上面的花也不要了**:花謝掉就是修剪的最佳時機,剪至接近基部的位置。剪的時候,可以留意是否有「芽」。有芽,則要避開別剪到。有時不一定看得到芽,可能只有葉子,這就是長芽的地方。

2 **傷口不澆水**:水不要淋到修剪的傷口。澆水時,一樣澆淋植物周邊的介質就好,或是讓植物從盆底下吸水。

剪的位置

Points

★ 一般修剪的剪刀不用消毒。除非剪的植物有病，剪了之後帶菌再去剪別
　 株，才會感染。

★「剪花梗」，只是把謝掉的花朵去掉而已，沒有刺激再開花的作用。

COLUMN

2

光線豆知識
· · · · ·

【半日照／全日照／無日照】

1 全日照（sun）
全日照，就是陽光可以曬到葉子上面超過半天以上。

2 半日照（mid shadow）
陽臺內側或窗邊，陽光不會直接曬到葉子，可是光線還是很明亮。我們可以模擬一個情境：在窗邊看書或看報紙，光線很明亮，但不會亮到刺眼或太暗讓眼睛覺得很吃力。

3 全遮陰（shadow）
在自然界中幽暗的森林底下生長的植物，習慣沒有日照的環境，就像室內沒有日照一樣。植物要在這樣的環境生長，就要點燈來輔助。若在室內為植物點燈，一般在植物上方，三十公分是最佳距離。

【 如何判斷點燈補充光照時間 】

1 配合日常作息

室內點燈時間,以非洲菫為例,大約12到14個鐘頭。(模擬白天的長度)。以辦公室植物來說,順著朝九晚五的上班時間即可,不必強迫長時間點燈。

2 室內燈光和日照一樣

不管是led燈或是日光燈都可以。一般用植物燈就是紅光,但紅色的光並不適合日常生活使用。建議使用一般檯燈的日光燈即可,一般室內植物不需要特別的燈。

Question

我的大岩桐葉子顏色變黃、變色了，有些葉片上面甚至還出現了淺色的斑塊，這是陽光曬過頭造成的嗎？

Answer

大岩桐的葉子顏色變淺有幾個可能。

●陽光太強

陽光太強的話則會破壞葉片的葉綠素，會讓葉子變黃，這是一般最常遇到的問題。大岩桐是半日照植物，它所需要的光線強度是「放在戶外，不被陽光直接照射」，這是最適合它的光線。如果將大岩桐放在家中室內，必須擺放在「室內很明亮、透光的窗邊」。有時候因為季節變化，陽光射入室內的角度改變了，可能就會讓大岩桐曬到過強的陽光而變色。

●水傷

如果葉子上有淺色的斑塊、旁邊有斑駁的、不規則的黃色、淺色斑塊，這可能是「水傷」。大岩桐整片葉子毛毛絨絨的，澆水或淋雨，水分滯留葉片，如果滯留的時間太長，就有可能會讓葉子表面的細胞受損，造成俗稱水傷的斑紋。

Points

★ 如何澆水沒有水傷

❶ 澆水壺請選尖嘴型。澆水時要澆介質，可以把葉子稍微撥開，直接將水澆進介質裡。

❷ 採用「底面吸水法」。將大岩桐放在水盤上面，水盤沒水再加水。注意：不可以讓水盤一直滯留水分，水沒了才加水，否則會爛根。

❸ 通風環境優先。擺放大岩桐的地方必須通風好，就算水滯留在葉片上面，也乾得很快。不小心淋到水，風乾葉片就好，不需要擦乾。

❹ 留意不經意的沾水。遇到雨天放在陽臺的大岩桐，葉片容易潑到雨水，若連續下雨，水傷的機率就會非常高，需要特別留意。

Question

我家的喜蔭花有幾片葉片腐爛了！它會不會就快死了呢？這樣還有得救嗎？

Answer

性喜高溫耐陰的植物

喜蔭花是熱帶植物，性喜高溫，春末至秋初是它的生長期，冬季低溫期是它的休眠期。夏天，它長得很快、也會長走莖。天氣轉涼、當你開始穿長袖之後，就會發現它的生長情形變得遲鈍了。到了穿厚外套的季節，如果還把它放戶外受凍，嚴重時，就有可能葉片腐爛像溶化了一樣。

喜蔭花「凍傷」，通常是遇到寒流且植物放在戶外才會發生。一般養在室內不至於太冷。另外一種可能是「病害」。病害會讓喜蔭花腐爛。軟腐病、炭疽病、疫病，這些病害都有可能造成葉子腐爛。放室外或者室內，都有可能造成。

是凍傷，還是病害？第一個判斷「溫度」。環境溫度是不是很低？會不會冬天忘記把它從陽臺或是窗臺邊移回室內？低溫環境便有可能是凍傷。第二個排除了凍傷的可能，就是病害。如果是病害，不容易判斷是哪種病菌造成，因為喜蔭花的葉片有絨毛，一些病徵在別的植物看得很清楚，在它身上則無法看得很清楚。

搶救法

葉子腐爛時，第一步把病葉去掉，避免繼續傳染。整葉切除，或用手直接摘掉。喜蔭花的葉子很脆，一折就斷。剛拔掉時，植物有傷口，不要淋到水。

預防法

盡量讓喜蔭花養在「溫暖、通風」的環境，通風就能預防病害。室內容易會悶。養在辦公室的話，週休二日不開空調，就要移到比較通風的地方。建議冬天移至室內點電燈照。夏天則移到戶外不曬太陽的地方或室內窗戶邊。

Q&A
21

Points

★ **不建議用藥**：居家栽培多採用「摘病葉」的方法，阻絕病灶就不會繼續傳染。第一步是隔離，去除患處，然後觀察。幾週內，情況沒有蔓延，代表病況已經止住了。建議大量種植的人才使用「廣效性的殺菌劑」，可達到一定的預防以及遏止病害的蔓延。

Question

聽說喜蔭花是很會開花，是否要提供特別的環境或者營養素，才可以讓它多多開花呢？

Answer

開花有條件

●成熟度

喜蔭花的植株必須長到一定大小才會開花。喜蔭花上市有兩種規格，標準為三寸盆大小。也有大盆的五寸盆吊盆規格。一般在花市常看到的多為五寸大盆，都能開花。

Plant
苦苣苔科

●葉片夠多

喜蔭花葉片長得夠多，才能累積足夠的養分。植株夠大、葉片夠多，葉子大致要四片至六片，就能開花。

●溫度

天氣暖的時候，喜蔭花才會開花，天氣冷的時候，它連動都不動。

●品種

喜蔭花基本款開的花是紅色，也有粉色，黃色則比較少見。葉片又有分：綠色、銀色、紫色、粉紅色、黃色斑葉。

有的品種很會開，有的品種龜毛，但是符合上述三個條件就會開花，如果還不開，再檢查是否用了不對的肥料，用了開花肥就會開了。如果使用觀葉植物的肥料，可能就會延遲開花。一般喜蔭花不需要開花肥來促成，自然而然就會開，它不是對肥料這麼需求的花。但是若要喜蔭花開很多朵的話，則可以用開花肥料去促成。

Question

我家的喜蔭花最近長了很多條的小枝葉，因為量有點多，長得也快，有點擔心營養會被瓜分掉，可以把長新長出來的枝葉修剪掉嗎？怎麼照顧才好呢？

Plant

苦苣苔科

Answer

會生小孩的喜蔭花

　　喜蔭花會長「走莖」。走莖，是指從葉腋長出伸長的莖，末端會長出一株小的植株，我們叫「子株」，口語又叫「小孩」。有時一株不只長一個，有的很會長。當喜蔭花長小孩時，我們只要在一旁放一盆裝培養土的盆子，把小孩移放到盆土上，很快地它就會再長一棵。

　　可以把子株視為一棵小苗，只要它貼近介質就會長根，這是它的繁殖策略。只要你發現用手拉它移不動，就表示它已經定根了，就可以進行切離，把走莖的末端切開，就又是新的一棵了。

剪的位置

Points

★ 走莖的新盆土介質，要使用全新開封的，沒有種植過的培養土。

Question

聽說雙心皮草是很容易開花的植物，而且是一枝就
會開出多枝花的那種？有什麼特別的方法可以達成
嗎？

Plant
苦苣苔科

Answer

超會開花的植物

　　雙心皮草，俗稱「流鼻涕」，其實它的種類很多，基本款的花色是白
花藍條紋跟紫花黃條紋。因為它的花朵裡有兩槓條紋，很像流鼻涕的樣
子，而有此別名。有的種類，葉子帶有一點斑紋。

　　促進雙心皮草開花，主要提供「溫暖的環境」，天暖它就會開花，天冷
了它就生長緩慢。一般我們養在室內，可以利用燈照栽培。它跟喜蔭花
一樣，葉片達到一定數量，就可以開花。

　　當葉片數量夠多的時候，這時就可以施用「液體的開花肥」，兩週一
次。在通風良好的狀況之下，噴葉子也可以；如果通風狀況不好，就直
接將開花肥澆進土裡。

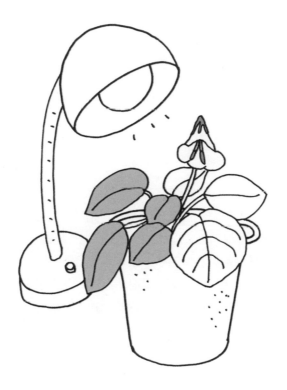

Q&A
24

Points

★ 雙心皮草適合種在辦公室，有燈光照明就會開花。

Question

聽說雙心皮草可以自己繁殖？而且用葉片就可以長？如何居家繁殖雙心皮草呢？

Answer

Plant

苦苣苔科

插葉子繁殖

雙心皮草可以利用「葉插」來繁殖。葉插，指切下它的一片葉子進行扦插，等它發芽通常都要二至三個月。雙心皮草進行扦插，四季皆可。

切葉子的重點是使用銳利的刀子，不要用剪刀剪。雙心皮草的葉子太脆了，用剪刀會「夾」斷它的組織，而因此受損。切完後傷口會水水的，一兩個鐘頭等傷口乾，再扦插到澆過水的土裡。如果傷口沒有乾，就馬上插土的話，較容易感染。

提供高濕度環境

剛買回來的培養土是乾的，如果種植後才澆水，土會飄散起來，十分難處理。建議開封後，直接灑一些水在包裝袋裡，綁起來，讓水氣瀰漫。

扦插雙心皮草或是苦苣苔科類的植物，將葉子插進培養土後，可以找一個透明的飲料杯蓋住。一般的透明杯比三寸盆還要小一點，剛好罩住。罩透明杯，主要提供一個密閉的環境，讓整個水氣不會流失，給予足夠的濕度。高濕度的環境，促進它長根、長芽。整個栽培繁殖的過程中，完全不需要澆水，輕鬆愉快。

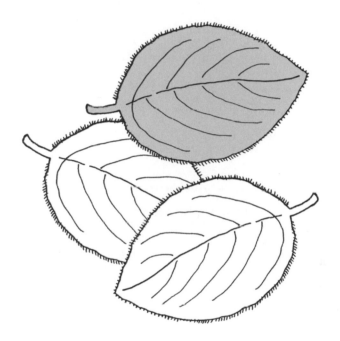

Q&A
25

Points

★ **坤燦老師個人備土法**：買一個收納箱，把新開封的乾培養土全倒出來之後灑一點水，再用收納箱蓋住，讓水氣瀰漫，如此就可以讓培養土呈現濕潤的狀態。

Question

最近我家的袋鼠花一直掉葉子，而且枝葉散散的，
這是因為天氣太熱的關係嗎？

Answer

Plant
苔苣苔科

可愛花朵

　　袋鼠花這個名字是因為有些種類側面看起來像袋鼠而得其名，不過台
灣所能見到的種類，長得比較像河豚，花的開口貌似親嘴，造型很可
愛。袋鼠花性喜涼爽。天氣熱，就會停止生長，又濕又熱的環境可能讓
它生長不良，容易根部衰弱，吸收不了水分，最後就會掉葉子。

改善方法

　　天氣很熱的時候，將袋鼠花移到通風好一點的地方，澆水的間隔時間
拉開。每次澆水前，可以掂掂盆栽的重量，判斷是否需要澆水。重點在
「保持環境通風」。因為它天生是長在樹上的植物，根部不能常處於潮濕
狀態。

　　袋鼠花在夏天多少還是會長得不好，一旦發現枯枝就趕快剪除，因為
枯枝可能會衍變成病灶，讓病菌潛伏在植株身上，最後整株壞死。

　　袋鼠花的枝葉本來就有點散開來的模樣，它的枝條隨著長大會變得更
長，葉片聚集在後，形成重心在末端，所以散開來是天生必然。可以利
用它垂散的枝葉，整個枝條剪下來進行扦插。

成對的葉子

Points

★ **扦插法**：把枝條剪下一段段，每一段只要有一對葉子就可以扦插。每一片葉子基部都有隱藏的芽在其中，我們把它切下來之後，插到介質裡，澆水供應水分，不久就會長根發芽。

★ **注意事項**：不要在夏天扦插，袋鼠花怕熱。

Question

最近家裡的山蘇，葉片外圍大量變黃、枯萎了，一開始我以為是水澆得不夠，便加強給水，也把枯葉修剪掉了，但一兩週後仍不見起色，請問該如何改善呢？

Answer

Plant

蕨類

換土、換介質、換大盆子

山蘇的葉片變黃枯，最大的主因是「盆子太小」，造成根部壅塞在盆裡。隨著山蘇長大、葉量增多，原有的容器局限了根的生長，在有限的空間裡，能夠裝得下的介質跟水也就只有那麼一點，勢必造成水分不夠。

在這個狀況之下，就會發生外圍的葉片容易老化枯掉。植物的新陳代謝老葉本來就會枯，如果一直有葉子枯黃的情形，就必須考量是不是植株跟盆子的比例太懸殊了。

有些養護者覺得，養在室內的盆栽小小的才可愛，可是當植物長到一個極限之後，因為根部空間有限，它就不再長了。對於山蘇這種天生長得很旺盛的植物來說，就會發生葉片大量變黃的狀況。初期葉片外圍變黃變枯，光靠修剪是沒有用的，治標不治本，山蘇仍會繼續長葉，直到長到再也住不下去，勢必進行換盆。

換盆提醒

一般盆子。是用「寸」來分類，所以換大盆時，三寸換五寸，五寸換七寸。也有中間的尺度，比如四寸盆、六寸盆，一般為了方便，所以通常三換五、五換七的換盆法。

Points

★ 山蘇的根像海綿，附在上方的土可以撥掉，或利用耙子將糾結的根稍微梳
   耙開來，再種植，不用特別清洗。後續再填入新的介質，用一般的培養
   土、泥炭土都可以。

我養在辦公室裡的山蘇葉片長了褐色的斑，可是我沒有看見有蟲子咬食的情形，是因為它靠窗邊，太陽曬太多造成的枯斑嗎？

Plant
蕨類

Answer

焦枯病害來襲

一旦山蘇的葉片出現褐色的斑，會先枯黃、呈現褐色，接著病斑在病菌侵蝕之下，斑點會慢慢擴大，一開始是一個小點，小點逐漸擴大成面，主要是葉邊焦枯，最後斑點會接近水爛的模樣，這是「葉斑病」，細菌性的病害造成。

搶救三步驟

病害初期先把「整片病葉剪掉」，不要只剪斑點的區塊，因為剪一半的山蘇葉不美觀，山蘇是觀葉類植物，呈現美麗的葉片也是照養很重要的一環。再來就是「葉片暫時不淋濕」，這種病菌是針對葉片發生，病菌會藉由水分迅速傳播開來。

最後將「病株移至通風處」，進行觀察。如果新長出來的葉子沒有斑，就表示沒事了，如果繼續有長斑的情形，就考慮灑殺菌劑。

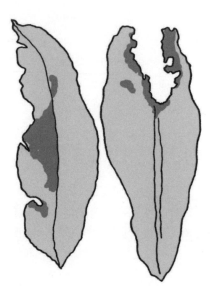

Points

★ 山蘇是半日照植物，如果放在烈日下，可能會曬傷，這時葉上的斑點比較
   像是炙烤、帶有脫水的情形。

Question

我放在書桌底下的山蘇，最近葉子一片片開始分岔了！看它分岔的樣子也不像是蟲子咬的形狀，難道是放在桌子底下陽光不足，葉子變形了？

Answer

Plant

蕨類

隱藏版山蘇

恭喜你，可能你買到了隱藏版的「綴化種」。

山蘇有很多品種，葉片分岔不一定會遺傳，如果接二連三都有葉片分岔，是比較穩定的狀況，就變成綴化種，如果只是偶然某一片分岔，那就不要高興得太早。

分岔，是一種好事？

對人類來講，葉片分岔算是一種奇特的現象，奇特，就好玩，比較具有觀賞性。可是對植物來講沒有好壞，如果只有偶然的一片分岔，後續長出來的葉子都很正常，那就不算是綴化，只是植物偶發現象。這種狀況因人而異，有人覺得原本的好看，有人覺得綴化好看。

這只是比較特殊的狀況，不是病變，所以也不用把分岔的葉片剪掉。分岔綴化是畸形，只能視為突變，在生物學上其實沒有什麼意義。所以有可能剛帶回來的山蘇沒有綴化的情形，但是跟我們住了一段時間之後，忽然綴化了，我們沒有辦法判斷它何時會綴化，或者會不會綴化，是運氣的問題。

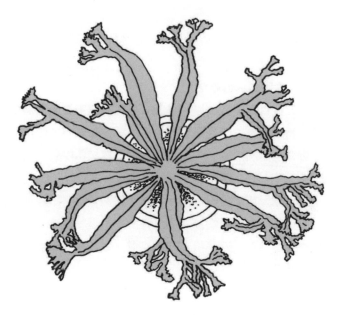

Q & A
29

Question

養在辦公室裡的鐵線蕨，因為我年終工作忙沒有好好的照顧，居然整株葉子全乾枯！請問乾掉的葉子要整個剪掉嗎？如果留下根，是不是還有機會活呢？

Answer

Plant
蕨類

靠窗邊曬會枯，太常澆水也會枯

鐵線蕨是一個性喜高濕度環境的蕨類，但是根部不是非常需要水。長期擺放的地方持續吹風，或是擺放的位置局部比較燥熱，像是落地窗旁邊，或是靠近電器用品熱源，一旦讓它的嫩芽葉被風吹到（電風扇、冷氣風）、摩擦，就會有枝葉焦掉的情形。

另外，空氣太乾燥或是長期沒澆水，缺水當然會枯，不過通常是我們太常澆水，讓它的根泡水而爛掉，造成葉片也跟著枯萎。一旦鐵線蕨的根爛掉，結果就是枯葉。只要根部沒有腐爛，只是葉片摩擦或是太乾燥造成的枯，都還可能有得救。

鐵線蕨枯葉救法

把枯葉整片剪掉，枯到哪裡，剪到哪裡。剪完枯葉、澆完水，整個移至比較高濕度的環境，比如：浴室、洗手檯旁。或是在盆栽旁邊擺個水杯。澆完水之後，拿一個透明容器或大的透明塑膠袋，整個罩住鐵線蕨，也可以提供高濕度環境。

這些動作都是為了促進長出來的新芽更健全，之後便可逐漸恢復健康。如果沒有恢復就是根部受損太嚴重，因為已達到植物不可逆的程度，完全救不回來。

Q&A
30

Points

★ 植物救不回來，通常是植株整個乾透，或是根爛掉。如果局部葉子枯通常
還有得救。

COLUMN

3

花盆豆知識

. . . . .

【 花盆先決條件 】

不管哪種花盆，先決條件是底部都要有「洞」。有洞，才能排水透氣、植物生長跟照顧管理方便。如果沒有洞，澆水要很謹慎小心，比較難拿捏分量。

【 花盆質材 】

以材質細分：塑膠、水泥、瓦盆、瓷盤，竹子或是木料製作的盆子。一一分析如下。

1 塑膠盆

塑膠盆是籠統的稱呼，材質有：PP、PU、PVC，還有回收塑料或是其他環保材質。不同的材料，質感也不同。有的塑膠盆可以做成仿品，比如：仿水泥、仿瓦盆、仿竹木的質感。

● **特性**：

❶ 塑膠盆的實際重量通常比較輕。

❷ 盆子本身不透氣、不透水。

❸ 盆身較薄，盆內溫度變化較大。

● **適合栽種品種**：大部分植物都適合，對根系的溫度變化來說，溫度影響比較劇烈，冷就冷，熱就熱。

2 水泥盆

有現成的，也有DIY手工灌，就現成品來講，通常會經過打磨的程序，讓它的質感較不粗糙。

● **特性**：

❶ 盆身比較厚且重。水泥盆沒有辦法做很薄，一旦碎了，易有裂痕。

❷ 外觀看起來大，但因盆壁厚盆內裝填土的空間卻偏少。

❸ 溫度的變化，沒有塑膠盆那麼劇烈。

❹ 水泥盆可以吸收介質中的水分。

● **適合栽種品種**：

❶ 多肉植物

❷ 耐乾植物

❸ 特別怕冷或怕熱的植物

3 瓦盆

使用較粗的泥土燒製而成，類似磚頭跟瓦片的材料。不上釉，純粹就是瓦，園藝界以日文稱做「素燒盆」。

● **特性**：

❶ 會吸水。

❷ 有一定的重量。

❸ 主要以進口為主。

● **適合栽種品種**：

多肉植物。

4 陶瓷盆

陶瓷盆有上釉，陶盆的陶土比較粗，上釉較有樸拙的質感。瓷盆的質感比較精細，兩者質感不同，基本上物理性質一樣，都是上了釉就沒辦法吸水。

◯ **特性**：

❶ 質感方面，一個比較古樸、自然風，一個比較精緻、歐洲宮廷風。

❷ 重量適當，通常陶盆比較厚，重量稍微重一些，瓷盆則比較輕。

◯ **適合栽種品種**：

大部分植物都適合。陶盆適合多肉植物、種子盆栽。瓷盆適合苦苣苔科、蕨類植物。

5 竹盆

竹子編織的竹籃型盆子，或把竹子鋸一節的竹筒狀盆子，也可以把食用的竹筒飯拿來種植。

◯ **特性**：

❶ 易發霉，需要處理過，上保護漆，較不會發霉。

❷ 呈現自然感，本身不會吸水。

◯ **適合栽種品種**：

大部分植物都適合。

6 木盆

木頭製，有分木頭釘製木箱、木頭框，做成各種造型的也有。

◯ **特性**：

❶ 沾水久了易發霉、腐爛。

❷ 木頭容器，種植前先用塑膠紙或塑膠袋墊底後再種，利用塑膠紙隔開水分，避免發霉。塑膠紙不透水，容易積水，澆水要謹慎小心。

● **適合栽種品種**：

大部分植物都適合。

【 我該選哪種花盆？ 】

● 視「個人環境」與「植物造型美感」為主。

● 不論塑膠盆或是木頭盆，都有各種造型，形狀。低矮的植物通常配比較矮的扁盆，瘦高的植物配比較高的盆，視覺的平衡感比較好。當然也有反其道而行。比如，瘦高盆只有種一撮矮矮的植物。

● 顏色上注意，斑葉植物本身的葉子已經很精彩了，所以盆子以素色、花樣少為主；葉子大片的、濃綠的，反而盆子可以有一些造型花紋、條紋的變化，來去彰顯。

● 擺放植物的環境位置，最好選用盆子、材質、顏色一致，視覺上不僅好看、而且整齊，好照顧。

我家裡的鐵線蕨，不知為什麼葉子多半偏黃，不會是翠綠色的，我也不敢讓它直曬太陽，怕葉子曬焦了，我需要特別施肥，補充葉片營養素嗎？

Plant

蕨類

Answer

鐵線蕨的葉子不綠，有兩個原因。

●品種

有些鐵線蕨的品種，長出來的嫩葉不是綠色，甚至偏黃綠色，或是帶一點粉紅色。那就是該品種的特性，等到它葉子成熟了，自然就會轉變成綠色，所以不用太緊張。

●缺肥

栽培久了，可能養分不夠，所以葉子比較不是這麼綠，這時提供觀葉植物專用的肥料，便可補充植物養分。觀葉植物用的液體肥料，加水稀釋後，用噴的，鐵線蕨的葉子比較薄，太濃的肥料會造成葉子受傷。所以觀葉植物用的肥料請稀釋後再噴，或是直接澆進介質裡。

「陽光過強」也會讓葉子變黃。對某些品種來說，因為葉子天生是黃綠色，對於光線的需求跟適應性也不太一樣，可以視養護者的個人需求調整，有些人反而喜歡青綠青綠的葉色，不一定要濃綠色。

Points

★ 葉色是一種警訊，如果買回不久葉色偏黃，可能是植物擺放的區域光線太
   強，必須移換擺放位置。

我在路邊牆角發現長了一堆鐵線蕨，想把它採下來帶回家種，沒想到不到一小時的路程，鐵線蕨居然整株枯乾！野生的鐵線蕨，無法採集回家種嗎？

Answer

採集鐵線蕨重點

1 要在「陰雨天採集」，不要大熱天、大晴天。

Plant
蕨類

2 採集時「整株連帶根部」，硬拔下來容易拔斷根，沒有了根，就無法種得活，所以採下時，一定要挖到「完整的根」。

3 葉子進行適當修剪，以減少水分蒸發，否則容易全株枯掉。

4 採下後，塑膠袋裡灑點水，讓袋內保有濕氣，用濕的衛生紙包住植物根部，再把植物包起來。

　　種植時，介質以泥炭土為主，培養土也可以。鐵線蕨是喜歡鹼性介質的植物，它生長的環境多長在水泥縫、磚牆縫等位置。使用泥炭土時要注意，泥炭土有分「調整過」跟「沒有調整過」。未經調整的泥炭土是酸性，拿來種鐵線蕨，鐵線蕨會長不好。

　　種的時候請注意，不要裝滿土。種鐵線蕨的土填入「六分滿」就好。介質和盆緣多出來的空間，會讓嫩芽長得比較順利。如果填土滿到土都鼓出來了，嫩芽一長出來就會吹風，很容易乾掉，空出來的空間才能保護它。若能用透明塑膠袋蓋住植物更棒，讓環境保有高濕度，促進新生。一般而言，一個月左右就可以看到它長出新嫩芽。

Q&A
32

Question

家裡有一盆腎蕨，外圍比較老的葉子，葉緣開始有乾枯的情形，甚至連帶新長出來的鬚，也跟著枯枯垂垂的，是水給太少的緣故嗎？

Answer

腎蕨葉子乾枯有兩個狀況：一個是「環境太乾燥」，一個是「盆裡長滿根和走莖」。

當室內環境長期吹空調（比如：冬天開暖氣、夏天開冷氣），便容易造成室內空氣濕度偏低，空氣、環境太乾燥時，腎蕨就容易會有葉子乾掉的情形，不一定只有葉緣乾，有時基部會開始掉葉。

太久沒換盆，盆裡滿是糾結的根和走莖，介質過多孔隙下，造成水分迅速流光，反而無法留住水分給根部吸收，就會形成葉片水分不夠。一旦缺水，腎蕨就會掉葉子。

改善方法

●**提供高濕度環境，或是常常給葉子噴水**（增加空氣中的濕度）。給水跟噴水是兩回事。噴水，是指「只噴濕葉子」。澆水，是將水澆到土裡。

●**換盆**。換盆時，注意底下走莖糾結的問題。不僅要把根梳開之後、再重種，還需要幫它分株。腎蕨走莖爬到哪裡，長到哪裡，結果不只長一株，而是一大叢全糾結在一起，必須整株挖出來、重新分株。通常分成兩三等份，重新栽種。

腎蕨分株均分後用手撕開，撕不開再用剪刀剪，盡量用撕的、扯開來。當我們用扯的，會從植物該斷的地方斷開，用剪刀剪，反而不該剪斷的地方硬剪，對植物沒有比較好。

Plant
蕨類

Q&A
33

Question

我家的腎蕨跟我一起住在小公寓裡，因為我怕熱每天都會開冷氣，不知道是否會讓環境變得太乾燥？我若在盆子底下加水盤，這樣會比較保濕嗎？

Answer

超耐旱的植物

Plant
蕨類

腎蕨不建議盆底放水盤。腎蕨本身是「耐旱性蕨類」，在野外多半長在山坡上面，比較乾燥的地方。雖然腎蕨的園藝品種分很多種，但以它的天性來說，還是很有野性，根部較不適合長期泡水。一旦在腎蕨盆底下墊水盤。長期下來，對它的根部生長不利。

提供濕度，建議採用「噴水」，或是「旁邊多種幾棵植物」。當我們幫植物澆完水，葉片會蒸發水分，以吸收更多的水分。所以當這一區植物葉片都在蒸發時，就會形成局部的空間濕度比較高。

植物會互相照顧

當你決定在家裡種花養盆栽的時候，不要害怕不太敢種，只先買一盆試試看。你應該一次到位，打造一區植物夥伴的家，你會發現一次買很多盆，其實照顧起來輕鬆多了。不僅可以馬上享受植物的豐盛美觀，而且也會比較好照顧。共處在同一個環境中，對植物彼此都有益。

對新手照護者來說有一個心理作用，若只種一棵，養護者會一天到晚想東想西，反而造成過度關心，常常照護過頭讓植物長不好。

植物結伴

Q&A
34

我家裡的卷柏都有固定澆水，但是最近它的根一直跑出來，葉子也有局部焦葉的情形，它到底怎麼了？

卷柏天生就會卷

Plant
蕨類

　　卷柏根的問題，視種類有別。有些卷柏的根莖會有蔓延出來的狀況，但是有些卷柏不會發生。如果一直有匍匐蔓延的狀況，第一個原因是「天生」。卷柏的種類很多，像是：生根卷柏、翠雲草之類的卷柏，就會有這樣的自然現象。

　　這些卷柏天生就會蔓延，所以當它蔓延開來，代表養護者種得太好了，種得很成功，提供的環境很適合，所以它長得很旺盛，當它旺盛到連盆子都住不下時，就會往外蔓延，是可喜可賀的一件事。如果覺得長太多，便可進行分株或是扦插。剪下來的那一段只要有根，把它往介質裡種，就會是新的一棵。

　　另一個卷柏常遇到的情形是，葉片焦枯，葉子會捲起來、乾縮，是太乾燥造成，必須讓它保濕。可是卷柏比較特殊是，它不適合用噴水的方法來增加濕度，因為它葉子太薄，當水滯留在葉子上面太久，便有可能爛掉。

　　卷柏的栽培祕訣是：「空氣濕度高，葉子不要噴水，半日照。」卷柏對光照強度很敏感，太曬，葉子會偏黃，就不好看。

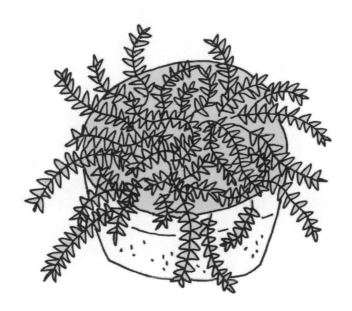

Question

我家的卷柏葉子爛掉了！我聽說它是需要水的植物，難道它是不能常給水的類型嗎？到底該怎麼救？有比較好的澆水方法嗎？

Plant
蕨類

Answer

可愛、但不好照顧

當卷柏的葉子開始有爛葉的情形，多半是澆水的時候讓水分滯留在葉子上面，才會造成葉子爛掉。當卷柏乾燥或是缺水時，也會出現葉子捲、葉子縮，但不會爛葉。大家最愛的「冰淇淋卷柏」不好養護，就是因為它長得太密緻了，一旦澆水是從盆栽頂端澆下去，水滯留在植株的中心，就很容易引起腐爛。

聰明澆水法

讓卷柏從盤子底下吸水。我們在盆底下墊一個水盤，觀察沒有水再加水，不要讓水盤一天到晚有水。給水時，使用尖嘴的澆水壺去澆。澆水時，可以用大盤將家中三寸盆尺寸的植物移過來一起排排站。一澆水後，讓整排的植物盤底都集滿水，請植物們一起喝水。之後，水盤乾透了，再澆。

Q&A
36

我想在家裡自己培植火龍果的小盆栽，火龍果的種子好買嗎？我們可以買新鮮的火龍果自己取種子嗎？

Answer

火龍果種子直接取自火龍果，可以特別去買長相比較醜的、特價即期品，不太好看便宜賣的火龍果，沒有必要買很漂亮的。

取種子程序

Plant

種子盆栽

把火龍果的果肉先切碎，裝進網袋裡搓，把果肉搓爛。火龍果的果肉軟軟的，一捏就碎，而它的種子像芝麻一樣小，所以不用擔心弄碎。

將紗網袋泡在水盆裡，這時就會發現種子浮起來了，再用湯匙撈取。剛取出的種子有點黏黏的，要再次洗乾淨，否則黏在上面的果肉容易發霉。種植時，用湯匙舀，一次可以舀很多種子，直接舀澆到培養土上面，即可。

火龍果的種子就是要把盆子塞得密密麻麻的，像芝麻一樣。不用擔心芽長出來會擠在一起，只要留意不要密到一棵疊一棵即可。播完種後，移至窗臺旁邊，陽光不會曝曬到的位置。土沒有乾之前，不要澆水。大約一週的時間就可以看到種子裂開，芽慢慢長出來了。

種子小提醒

火龍果的種子不耐儲放，它的種子趁新鮮萌芽力才強。萌芽的能力叫做「萌芽力」，萌芽力會隨著儲存時間遞減，放愈久愈不會發。火龍果的種子壽命短，最好「一取出就種」。不要隔一個禮拜再種。如果無法馬上種，種子要「泡水」。一旦種子乾燥，發芽力便會驟減。

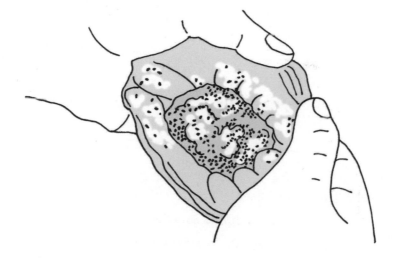

Q&A
37

Points
★ 火龍果的幼苗在花市稱為「綠鑽」，不妨看看發芽的樣子像不像鑽石？

我的火龍果剛發芽時小小綠綠的芽很可愛，可是長著長著，長愈大它居然變得像毛毛蟲，一條一條的！怎麼會這樣？

Plant

種子盆栽

火龍果一年的樂趣

火龍果是仙人掌的一種，它長出來的第一片葉子或第一對葉子（子葉），小小的子葉很可愛，但是隨著子葉中間帶有毛刺的仙人掌本體開始長大，它會開始伸展開來，長得愈大、愈會東倒西歪，形狀會貌似毛毛蟲。若覺得外型不好看，只能重種。

火龍果盆栽享受的就是這一兩年的過程，隨著仙人掌長大，只能再回頭取種子，重新來過。從種下種子到變到毛毛蟲的時間，大約是一年左右，過程是很有趣的。

當你覺得盆栽已經長得不好看的時候，就可以重種。當然也可以繼續種成結果實的火龍果。只是長火龍果的枝幹很粗壯，必須立支柱支撐，而且好吃的火龍果大多用優良品種的枝條扦插，不是播種。因為播種長出來的火龍果未必會跟當時吃的果實一模一樣，可能會變得不是這麼美味。

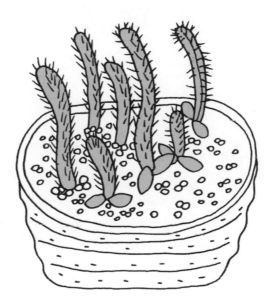

Q&A
38

介質豆知識

· · · · ·

可以種植植物的材料稱為「介質」，自然的土壤也是介質的一種。本書介紹的植物夥伴以「室內環境」為主，所以針對「居家室內的介質」進行討論。

室內常用的介質，最常用到的就是「培養土」。首先要釐清的是，培養土只是泛用、通稱「培養植物的介質」，購買時請注意包裝上的成分，不要買散裝。花市有些商家會賣散裝土，簡單用塑膠袋包一包售出，我們無法清楚它的成分，建議一定要買包裝的介質。

包裝上面會註明成分，成分非常的重要。台灣培養土常見的主要成分有：泥炭土、木屑（香菇太包發酵木屑）、椰纖（椰子殼的纖維）。

【分析三大主要介質原料】

1 泥炭土

泥炭土是苔蘚類植物，苔蘚類植物長在沼澤，生了死、死了生，循環千百年之後累積在土裡的植物、苔蘚殘骸，當該分解的都分解完，剩下一些纖維無法分解，便累積變成一層厚厚的泥炭土。

● **特性**：

❶ **清潔、無雜質**。分解過程中病菌、雜草、種子、蟲卵都不存在了，基本上相對乾淨。拿來種植的好處是乾淨、輕，適合室內種植。

❷ **透氣性佳**。疏鬆的纖維結構很透氣，能讓根長得很好。

❸ **吸水性特殊**。乾透時，反而不容易吸水，久沒有澆水的狀況下，它會縮，縮了之後結成塊便很難吸水。讓它保持微濕潤的狀態，植物吸水、養護者澆水都很方便。土乾縮的時候，養護者可以拿尖尖的竹筷子戳，把周圍的土戳鬆，必要時再填入新的泥炭土，再澆水。急救時，把整盆拿去泡水都沒有關係。

● **適用植物**：室內中小型植物都適合。

2 木屑

木屑加工的材料不適合室內用，木屑包括：鋸木屑，鋸木頭工廠的木屑去發酵製成，更多是種菇類作物的太空包，以廢物再利用發酵製成，不適合室內使用。它們可能會進行再分解，一分解就會產生氣味，吸引蚋這類的小飛蟲。

● **特性**：有養分，對種菜種花都好。

● **適用植物**：戶外植物適用。

3 椰纖

椰纖是椰子殼磨碎的纖維，經過乾燥程序，乾淨、疏鬆。沒有泥炭土因為乾縮而結成團的問題。

● **特性**：

❶ 透氣、排水佳。

❷ 纖維比較粗，所以縫隙相對大，比較不保水。

● **適用植物**：室內植物適用。

【其他介質原料】

1 多肉植物專用介質

多肉植物專用介質分成:「根部比較粗」的多肉植物用介質,和「根部很細」的多肉植物用介質。像景天科、石頭玉一類,部分仙人掌就是根比較細的。龍舌蘭科,或是蘆薈科十二之卷一類,根都很粗,請依照「根的粗細」去做不同的調配。粗根用粗顆粒材料介質,細根用細顆粒材料介質。

多肉植物專用介質又分進口、台灣自己混配。基本上以粗顆粒材料為主。粗顆粒材料,包含:小石頭、各種不同粗顆粒材料,加上椰纖、泥炭土、沙子等等。

● **特性**:排水性佳、透氣好,不會滯留過多水分。

● **適用植物**:多肉植物。

2 水苔

水苔是森林或沼澤苔類植物乾燥後製成。

● **特性**:

❶ 疏鬆狀態之下排水、吸水、透氣佳。

❷ 緊縮狀態下不易吸水。

● **適用植物**:性喜高濕度植物。例如:蕨類、苦苣苔科、蘭花。

3 赤玉土

多肉植物常用。赤玉土的成分會在顆粒當中含有一些水分,所以會延長多肉植物澆水的頻繁度。如果赤玉土加很多,比較容易保水,因為它是顆粒,顆粒跟顆粒之間排水透氣良好。

4 顆粒材料

植物的盆子比較大、比較深的狀況之下，盆子的基部會用一些大顆粒材料，比如小石頭、碎保麗龍、碎磚頭，以增加盆底洞的排水透氣。大盆子，本身介質的重量會往下壓，讓最底下的介質壓得很緊密，排水透氣就不好，讓排水機能變得很差，所以靠近底部的地方，可以填粗顆粒材料增進排水透氣。小盆則沒有這個顧慮。

【 我該選哪種介質？ 】

如果栽培的植物都是「小型」的，買以「泥炭土」為主要原料調配的培養土，就可以應付大多數室內植物。如果還有種多肉植物，就取一些「培養土」混入「顆粒材料」，就適合多肉植物了。不一定要另外買多肉植物專用介質。

Question

我很喜歡喝咖啡，想學辦公室樓下的小咖啡店也種自己專屬的咖啡小盆栽。請問咖啡豆可以拿平時喝的豆子來種嗎？怎麼種可以種得漂亮？

Answer

Plant

種子盆栽

烘過的咖啡豆當然無法再生長。種植用的咖啡種子可以在花市買到，一般分兩種，一種是天然咖啡豆，呈褐色、土黃色，另一種是染粉紅色的咖啡豆（避免豆子生病發霉而包裹上去的農藥）。

好看咖啡盆栽步驟

買回來咖啡豆從側面看，一邊是半圓形，一邊是平坦。平坦的那一面通常有一個凹線，凹線的一端會有一個小凹點，把咖啡豆所有的凹陷朝下、凹點朝同一邊，整齊地排在裝好介質的容器上。

為什麼要這樣子做？因為根部從咖啡豆的「凹點」長出來，每顆豆子都排整齊之後，當它開始發芽，根會把豆子頂撐起來，像一個音符形狀。排整齊、每一株都朝同一個方向發芽的模樣，非常療癒。

排整齊之後，再澆水。表面可以覆蓋麥飯石或其他美觀的小石頭，在花市或水族館都有賣。為什麼要這樣做？有了這些小石頭的重量，未來發芽的時候，底下的根會變得更健壯，因為它被壓住了，會讓它產生生長激素，讓根更粗，新發出來的芽會短短肥肥壯壯的，不像其他芽類那麼瘦弱。

Points

★ 咖啡生豆種植前可先泡水催芽，記得每天換水。約泡5至7天便長出小芽，
　再進行栽種。

Question

我想利用柚子的種子來種小盆栽，一般像這樣的種子需要先拿去曬乾再種嗎？有什麼技巧要留意？

Answer

柚子要取得種子，得看你吃的是什麼品種。如果是文旦柚可能很難有種子；如果是西施柚、白柚，這個品種的種子大顆、量又多。建議柚子取子種植，以白柚、西施柚為佳。

Plant

種子盆栽

種子一定要泡澡

當我們吃完柚子取得種子之後，首先種子要「洗乾淨」，因為柚子種子的外皮含有非常多的果膠，泡過水就會被溶出來，水會變得黏黏、滑滑的，這些便是阻礙種子發芽的東西，所以種子需要泡幾天水，倒掉再泡，重覆幾次，直到水不黏為止。想要求快的，也可以直接把種子的皮剝掉。柚子種子的皮剝掉後，長相似瓜子仁，乾乾淨淨。不想泡的話就直接剝吧，即使剝掉皮，種子還是會黏黏的，「黏液一定要洗乾淨」。

種子小提醒

洗乾淨的種子就可以拿去播種，「千萬不要曬」，橘子類的種子一曬就睡著了，有時候叫不醒，它是一種需要新鮮拿去播種的種子，不適合儲存。很多人之所以種果實盆栽失敗，都失敗在曬種子，所以「趁新鮮種」是重點。

剝皮的種子種的時候，將種子尖尖的部位朝下、白白的帽子朝上，整齊種下。發芽時，便會長得整整齊齊。柚子發芽時，種子會留在原處不動，不像其他種子會躥出來，十分有趣。

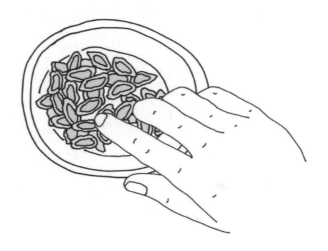

最近我跟著同事一起生酮飲食，辦公室有很多酪梨的子，酪梨子很大一顆，要拿去種的話，需要特別處理吧？

Plant

種子盆栽

種子界的巨形寶寶

酪梨的種子很大一顆，令人印像象深刻，這麼大顆的種子若要拿來種植，更是要洗乾淨。酪梨種子的膜很好剝，剝掉後再泡水，要泡到種子有微發芽的跡象為止。原則上，種子泡水的過程中，水濁，就換新水。

酪梨盆栽要種得好看，就是要讓超大顆的種子露出來，如果將種子埋起來、看不到它就沒有意義了。所以，通常我們會讓它像一顆蛋放置在盆子中間。慢慢地，它會稍微裂開來，一裂開就開始發芽了。酪梨的葉子很大一片，葉子剛長出來是深咖啡色，之後才會轉變成綠色。

水耕種法

這種種法比較特殊。找一款瓶口適中的透明瓶子，剛好讓種子塞住瓶口，剛好卡住，不會落下去。一開始，水裝到可以淹到種子的底部，誘導它長根。後續種子長根、發芽之後，可以透過透明瓶身方便觀看根部的生長狀況。

放在辦公室的竹柏本來長得好好的，最近從中間開始一枝接著一枝枯了，是因為排在中間的竹柏不透氣的關係嗎？竹柏枯了，是不是就無法救了？怎麼搶救它才好呢？

Answer

Plant
觀葉植物類

竹柏這種枯的現象通常是「疫病」，這是一種室內植物常遇到的病，在不通風跟介質潮濕的環境之下，比較容易發生。

疫病是藉由水跟介質傳播的一種病，它從根部侵入植物，隨著根部的維管束往上，這時基部就會有些狀況發生，比如：整個莖縮小，像被勒住一樣。莖部的維管束被破壞了，水堵住上不去，上面的葉子就會萎掉、變色，容易讓照護者以為是水不足而拚命澆，反而讓植物壞得更嚴重。當你把根部整個拔起來看，會發現基部已變細，乾縮、有皺紋。嚴重時，會有白色菌絲或白色顆粒附著在上面。

當我們在室內植物進行繁殖時，必須使用全新的介質，不要使用舊的介質。栽培時不要讓介質一直保持潮濕的狀態，否則介質持續潮濕的狀態下，容易爛根會讓病菌得以入侵。舊的花盆務必洗乾淨後，曬曬太陽，殺菌再使用。

搶救枯枝法

一旦發現竹柏某一株有以上的狀況，請立即將它拔除，及早處理，便可制止，然後定期澆水，土乾才澆水、土沒乾不澆水，通常都可以減緩疫情持續擴散。

Q&A
42

Question

最近家裡買了幾盆椒草，我每週都有好好的給他們澆水，但是最近不知怎麼了，居然開始塌了，這幾天更慘，是整個軟塌。我該怎麼救？

Answer

通風良好是重點

很多椒草的葉子呈放射狀排列，一葉一葉排得很可愛，有時候會遇到種一種就整個軟塌的情形。椒草本身是「多肉質植物」，所謂的「多肉質」植物跟「多肉」植物是不同的意思，多肉質是形容植物的莖、葉柄、葉片，富含水分，也有點厚厚的感覺，故叫做多肉質。但是沒有多肉植物的耐旱能力。

Plant
觀葉植物類

它本身生長的環境需要排水良好、比較忌諱植株（枝、葉片）滯留水分，如果栽培的地方通風好，滯留在葉上的水分可能在一個鐘頭內就揮發，如果常常澆水，環境通風不佳又悶，讓水分滯留在葉片、植株上面很久，就有可能誘發病害。這個病害可能是「軟腐病」，或是「疫病」。

椒草生病都是軟塌模樣

椒草之所以會軟塌，是因為病菌從莖部入侵，多肉質植物莖葉富含水分，所以菌一傳開來便非常地快，可能沒幾天就癱了。爛掉的地方會黑黑的，一旦癱了就完全沒救了，這種狀況椒草或苦苣苔科植物很容易發生，只能從「預防」開始做起。保持環境「通風」，跟「水不要滯留在植物上面」。

病狀發生前，照顧的重點是「不噴水」，椒草類不要把水澆到植株，擺放的地方盡量「通風良好」，這樣便可達到預防。若已經發生病狀就沒救了，只能直接丟掉，這時椒草已經從頭爛到根了。

Q&A
43

Question

我家裡的椒草本來都是綠綠翠翠可愛的樣子，但最近居然長出了一條白白的東西！看起來又不像發霉，是沾到別株植物的種子嗎？

Answer

白白的東西是花序

　　這個情況很容易發生在椒草身上，椒草是一個植株成熟就會開花的植物，不需要特別的條件，只要養得夠好就有可能開花，那一條白白的東西，便是它的「花序」。

　　那一條白白的枝上面有無數朵的小花，用肉眼看是白白的、小小的、細細的顆粒，必須用顯微鏡才能看得清楚它的結構，一個顆粒就是一朵花。主要是因為它的外型不像開花，所以養護者不知道它開花了。

　　開花，是植物順理成章為了傳宗接代的本能，只要長得夠健康就會開花，只是照護者突然看到植物長出一根白白的東西，難免覺得意外。主要是看起來美不美觀，有的種類看起來還行，如果養護者覺得不美觀要把它剪掉也可以，畢竟開花是浪費養分。如果覺得不好看就趁早剪掉，留著也沒有多大的妨礙。有的椒草一折就斷了，多肉質植物的莖都很脆，拿剪刀剪也無妨。

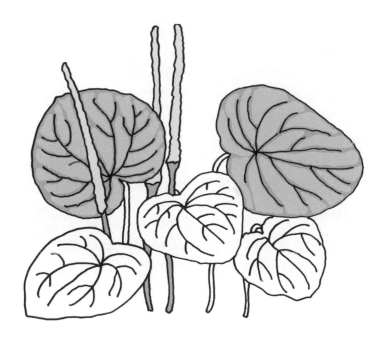

Q&A
44

Question

我放在辦公室的網紋草一時工作忙忘了澆水，最近比較有空，一看，它整個都塌了！這樣是不是沒救了？

Answer

性喜高濕度

網紋草是一個喜歡高濕度環境的植物，它的葉片很薄，葉片蒸發水分的蒸散作用很旺盛，照護者因為一時不慎忘記澆水，很容易造成網紋草整個葉子塌了、葉子乾掉的情形。

網紋草的塌跟前面說椒草的塌，狀況又不一樣。椒草，是「軟癱，葉子不會乾」；網紋草，則是「葉子乾、有點捲」。有沒有得救？則要看它乾多久了。如果養護者只是兩、三天忘記澆水，通常還有得救。

網紋草急救法

把塌掉的網紋草整盆拿去泡水，泡水的位置要到水盆三分之一至二分之一的深度，不要全淹滿。接著在葉片上淋水、噴水都無妨，這個植物可以接受「葉片上適時有水」。

通常只要半天的時間，網紋草就會恢復生氣了。雙管齊下，一來，讓乾透的介質吸水恢復正常。二來，讓葉片有水，減少水分持續蒸散，葉子就站得起來。葉片可以站挺，就代表沒事了。

如果是乾了很多天，依照上面的方法急救仍然無法恢復，就代表它已到達「永久凋萎點」。「永久凋萎點」，是園藝上的專有名詞，這個時間點無法量化，它的定義是當吸收的水分不足以提供蒸發的水分，植物就會凋萎。體內的水分散失到一個量，過了它的臨界點，就救不回來，在這個臨界點之內，才救得回來。

Plant
觀葉植物類

Q&A
45

Question

我的同事養了一盆秋海棠很好看，聽說秋海棠可以自己繁殖，不用特地再去買，我想跟同事要一些來試試。若要在辦公室自己繁殖怎麼進行呢？

Answer

大多數的觀葉秋海棠，都可以用「葉片」繁殖。用葉片繁殖的方法非常特別，你可以直接切一片秋海棠葉子，直接把它插進培養土。日後，會從切口處長根、發芽，最後變成一棵新的秋海棠。

Plant
觀葉植物類

秋海棠靠葉脈就可以活

另一種很特別的繁殖法是，葉片切片繁殖。順著秋海棠葉子的葉脈，切成數等分。切的重點在於，一定要切到「有葉脈」。

還有一招是，可以把整片葉子，拿美工刀從葉脈切斷，只切葉脈，等於是把它的葉脈弄斷，再將整片葉子放在培養土上面，最後被切的地方都會長出小芽。一片葉子就可能長出十幾棵，很神奇。

繁殖小提醒

不管怎麼切，葉子插完之後要「保濕」。推薦使用透明的盒子，將盒底先鑽洞，方便排水，再填入一半乾淨的、新的培養土。澆水後，插上葉片。插好葉片之後將盒子蓋起來，移至檯燈底下照。秋海棠是耐陰的植物，所以可以用燈照來種葉子。透明的盒子內一旦長滿了小苗，就把它拿出來。秋海棠孵葉子的重點是，要讓整個環境保濕，它喜歡高濕度環境，不用擔心它會悶。

切的位置

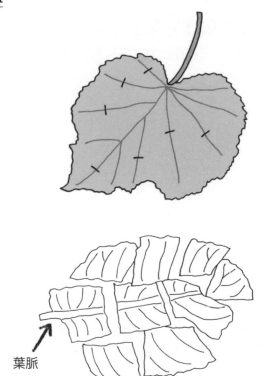

葉脈

扦插在培養土

Question

我家裡的網紋草居然開花了！但老實說，它長得真的談不上好看吧，我可以讓它不要開花嗎？

Answer

植物開花天經地義，但是好不好看，則是見仁見智。尤其很多人認為觀葉植物不會開花，其實它只是不容易開花，有些植物開花需要特定的環境條件，比方適當的溫濕度等等。

網紋草當然會開花，開花是從葉子莖的末端長出來，它的結構是一片一片結合而成的塔狀，每一片裡面都有一朵花，它開的花是一朵小小的黃花。

因為沒有很好看，所以有些人不喜歡，如果養護者覺得沒有開花的必要，不如趁早把它剪掉，因為開花都在浪費植物養分。剪的時候，將「整個花序都剪掉」。

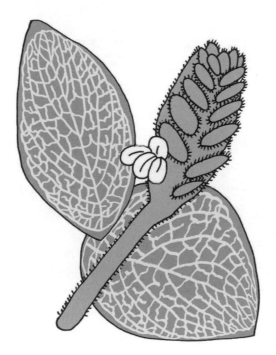

117

Question

養在辦公室的嫣紅蔓本來葉子顏色很鮮艷，近來顏色愈來愈淡了，是缺乏營養的關係嗎？補充肥料有用嗎？

Answer

漂亮的嫣紅蔓如其名是嫣紅的顏色，也有白色跟粉紅色的葉子。嫣紅蔓雖然是觀葉植物，但需要強的光線，若長期將它養在室內，時間久了葉子一定褪色，不似剛帶回來的葉子是很紅的。

先求活，再求美

嫣紅蔓的葉子鮮艷度要看品種。葉片有分：紅色、粉色等色斑。種久了，一旦光不夠，植物為了求保命，它的葉子就會變成綠色，葉綠素比較多，才能行光合作用來養活自己。所以在這個過程當中，嫣紅蔓的葉子勢必變得愈來愈綠，顏色變淡或是變綠，就是代表「光不夠」。

所以你要做的事情有兩個。

1 移位子。光不夠的警訊，請你把它移到光更強的地方。養在辦公室的光，用檯燈照仍不夠，一定要移至有散射陽光的地方。葉中顏色變淡，通常還會伴隨植物徒長。徒長，指植物開始有抽高的狀況，之後會長得東倒西歪，枝葉會散掉、變軟、到處亂長。

2 直接剪掉，讓它重新生長。從你覺得散亂的地方開始剪。嫣紅蔓原來的植株是平平扁扁的，一旦長高，就剪。剪掉的地方會從原有葉子的地方長出新枝，本來一枝，就變兩枝，會長得更茂密。

COLUMN
5

害蟲豆知識

【室內栽培常見的蟲害】

---

1 紅蜘蛛

紅蜘蛛用肉眼看大概就一個小紅點而已。但是你會發現這個點在移動，牠不動你不會覺得牠是生物。常見在常春藤，或是一些觀葉植物。

植物的葉子本來有它該有的顏色，當開始出現一些細細、微小的白點或是咖啡色的點，那就是紅蜘蛛吸植物的汁造成，每吸一個洞，就會在植物的葉子上留下痕跡，所以牠愈長愈多，叮的洞愈多，葉子會變得白霧霧的。紅蜘蛛大量繁殖時會吐蜘蛛絲，讓葉子上蓋一層很細的絲，像玻璃絲襪，薄膜整個包覆葉子，便是最嚴重的狀況。

2 介殼蟲

這個蟲種類很多，家裡面最常見的叫做「粉介殼蟲」，通常會藏在葉子與枝的縫隙、葉子後面，或是植物的基部，很會躲。

還有一種叫「咖啡介殼蟲」，也算常見。牠會貼在樹枝上面，像是植物的一體，有時候葉子黏黏的，才發現有異狀。黏黏的部分是介殼蟲分泌的一種東西，叫做「蜜露」，牠會分泌蜜露是要誘引螞蟻來吃，所以有介殼蟲就會有螞蟻。如果家裡沒有螞蟻，牠還是會繼續分泌。牠提供食物給螞蟻吃，螞蟻會保護牠。

3 粉蝨

粉蝨會藏在葉子後面，牠很好認，嚴重的時候輕碰葉子就有白白的小蟲飛出，那就是粉蝨，牠會吸植物葉片的汁，讓植物慢慢地乾掉。

坤燦老師建議

如果家中栽培的植物很多，發現一棵有長蟲，其他棵也要檢查，蟲子會跑，會傳染開來。有些介殼蟲的世代是會飛的，有的世代則不會動，而且公的母的常長成不一樣的型態。

【急救方法】

1 清潔劑水防小蟲

清潔劑就是洗碗精、洗衣粉、洗衣精或是肥皂這一類。液體的洗碗精，稀釋一百倍以上；肥皂，拿去水裡搓一搓起泡泡水，即可使用。

使用時「直接對小蟲噴」。清潔劑中的界面活性，可包住這些小蟲的身體，把小蟲悶死而不是毒死，所以清潔劑水流到土裡也沒有關係。所以怎麼噴很重要，「一定要噴到蟲身上」。沒有噴到蟲，一點用都沒有。看到蟲就噴。噴完十分鐘後，蟲子都被悶死了，這時用清水把剛剛噴過的地方再噴一次洗掉清潔劑。清潔水滯留葉子上，水會蒸發，水蒸發之後清潔劑水變濃，比較敏感的植物葉子就會受傷。

這個過程叫「一個療程」，只要有發生蟲害，都不是一次療程可以解決。有時嚴重到植株上一隻蟲疊一隻蟲，底下有蟲卵，把上面的蟲弄死底下的蟲沒事，所以通常一週需要再檢查一次，看有沒有漏網之蟲。有，就再進行一次，通常進行兩到三次，才有辦法抑制。

2 辣椒水

網路上盛傳的噴辣椒水，直接噴到蟲身上，才有用。可是問題來了，咖啡介殼蟲身上有硬殼，辣椒水不一定能滲透進去，沒有碰到蟲體，蟲不會死，所以辣椒水一定要噴到蟲才有效，只有噴到植物蟲不會死，但是對人會有副作用。

副作用是，噴的時候不要讓辣椒水霧碰到臉或是手，比較敏感的人容易感覺刺刺、辣辣的，萬一噴到臉則會不太舒服。二來是會肚子餓，因為辣椒的味道會促進食慾。

③ 酒精

酒精也會讓嫩葉子捲起來，建議不要使用。酒精只適用於葉子厚的植物，若不小心噴到無妨，注意使用前一定要稀釋，不要臨近火源，不然會有危險性。再來就是使用的時候要小心，容易被酒精燻到。

④ 木醋液跟糖醋液

有一陣子很流行，經實驗證明，對防蟲不是很有效；對病害，則視種類而定，有些有抑制的效果。木醋液對土壤很好，可針對微生物以及植物生長，發揮一定的作用，防蟲效果則不明顯。

Question

我去花市買了一盆常春藤想養在辦公室，可是花市賣的多半是種在土裡的，放在辦公室容易弄髒，請問有換成水耕的方法嗎？

Plant

水耕類

Answer

水耕養植小幫手

最簡單的方法是，把常春藤一枝一枝剪下來，直接插進水裡發根。通常用水耕法養常春藤，無非是照顧方便，以及看起來乾淨。想要把種過土的常春藤的根洗乾淨，是非常困難的，水會變得很髒。所以「重新插枝」、長根之後再種，會比較好照養。

水耕養的常春藤，為了達到觀賞效果，除了完全用清水之外，也可以用「發泡煉石」（咖啡色燒過的石頭），以及「蓄水晶粒」（高分子聚合物）。使用介質的好處是，可以固定常春藤的根部，二來底部有很多空隙，讓根部不是直接浸泡在水裡，讓植物可以呼吸。

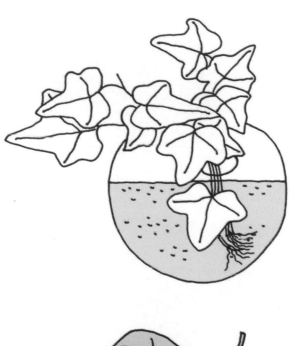

Question

我的常春藤不知怎麼了，葉子邊緣變成褐色，有的葉子本來是白綠分明的，現在斑紋變得怪怪的，不知道是生了什麼病？

Plant
水耕類

Answer

來自歐洲不耐熱

常春藤的葉子邊緣變褐色，通常是得了「疫病」。常春藤很容易得到這種病。疫病發生在常春藤的機率很高。

常春藤原生地在歐洲，本身是一個喜歡涼爽的植物，所以耐熱性沒有很好。如果養在辦公室都開空調，或是養在涼爽的季節，一般都很好養，但是到了夏天就是它的難關，因為夏天，一放假不在辦公室，不會開空調，這時候植物就會熱到衰弱。植物衰弱、加上澆水太頻繁，就容易罹病。通常會從老葉開始枯，再慢慢到新葉也發病，最後整條枯掉，這時便可確定是疫病。

發生初期，先把枯的那一條連根抽離，再限水，確實做到「土乾再澆」。觀察有沒有持續發生病況，如果還是繼續枯，則沒得救了。

Question

我的常春藤住在靠窗邊，那裡應該蠻通風的，以前聽說太乾燥會有紅蜘蛛，所以我常噴水霧，後來發現葉子上有紅點，就不敢再噴了，把有紅點的葉子都拔掉。可是隔沒兩天又出現紅點，現在都快被我拔成禿頭了，是不是要噴藥才有救？

Plant
水耕類

Answer

紅蜘蛛來襲

　太乾燥的環境就容易有紅蜘蛛，紅蜘蛛就是「葉蟎」。在夏天，尤其是開空調的環境，空氣自然比較乾，這個生物喜歡乾燥，如果你把植物移去外面淋雨，牠就會躲開潮濕地，等到變乾燥的時候，牠又開始活躍起來。

住室內的常春藤預防法

　「給葉子噴水」。紅蜘蛛不喜歡潮濕，如果常常給葉子噴水，牠就不喜歡。噴的時候，常春藤的上下葉子都要噴。

　或用「稀釋的清潔劑水噴」就可以了。若看到植株上有白色的蜘蛛網，用抹布或者棉花棒把它擦掉即可。

Q&A
51

Question

今早我發現家中窗邊的黃金葛有幾片葉子竟然捲起來了，黃金葛的葉子怎麼會突然捲起來呢？有什麼辦法可以讓它恢復正常？我在盆底下養了魚，會影響到小魚嗎？

Plant

水
耕
類

Answer

葉子捲就重種

黃金葛的葉子捲起來，表示已經「沒有健全的根」，根部已經壞掉了，根壞掉吸不了水，葉子一直處於耗水狀況，水耗掉，葉子就撐不住了，所以葉子就會軟、捲起來。

搶救捲葉法

建議「重新插枝」，如果是採用水耕的黃金葛，瓶子裡只有一枝捲，先把瓶子洗乾淨，把其他好的部分剪下來，用全新的水，重新插。

黃金葛下面養魚類似魚菜共生，魚缸裡養小魚，第一個好看，小魚的便便被細菌分解為養分，被黃金葛吸收。兩者的病是不會互相傳染，所以哪一方生病也沒有關係。不用擔心受到影響。

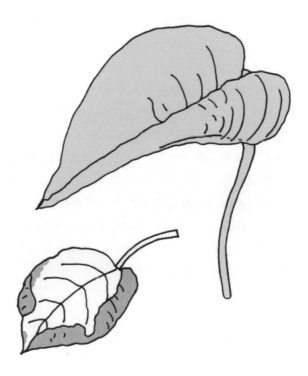

Question

客廳的火鶴花，有一枝的葉片外緣出現了黃褐塊斑，
形狀呈不規則，而且越長越大，它怎麼了嗎？

Answer

一悶就生病

我們居家養火鶴花一陣子之後，若發現葉子的邊緣長了一些黃褐色的
病斑，再仔細觀察病斑，上面沒有像是黑胡椒粒的斑點，病發處帶有一
點水水爛爛的狀況，這便是「細菌性葉斑病」。

這種病症是「空氣與水傳播」造成，因為擺放植物的環境潮濕、悶熱，
造成植物衰弱，便容易形成讓病菌滯留、傳播的溫床，而引發此種病
症。雖然它是喜歡空氣濕度高一點的植物，但是一旦所處的環境悶、
又不通風，平日澆水時又積留在葉片上，便容易引發病菌。「細菌性葉
斑病」，除了火鶴花，同一家族的植物都有可能互相傳染，像是，黃金
葛、白鶴玉、蔓綠絨，必須特別小心室內通風問題。

一般室內擺放，建議「靠窗戶邊能透光進來」的地方，最適合火鶴花。

搶救法

1 初期先將嚴重受害的病葉，從基部整葉剪掉。若發現有新的病葉出
現，持續一一剪除。

2 移至通風的位置。

3 澆水時，不要澆到葉子，一旦葉子噴到水，容易助長病菌傳播。

先將生病的火鶴花打造一個好的生長環境，讓它以自癒力去抵抗病
菌。持續觀察病情是否再度病發，若一再有病葉出現，除了剪掉病葉，
細菌性葉斑病要使用殺菌劑，才能完全遏止。

Plant
水耕類

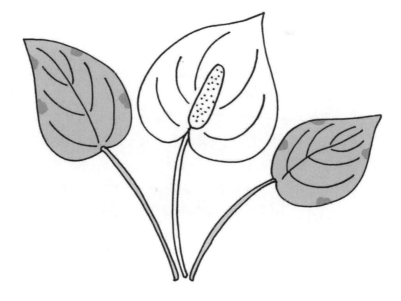

Q&A
53

想讓家裡的火鶴花多開花，聽說一盆可以開出很多枝的花？怎麼培養才能達到呢？

Answer

品種決定花朵數量

Plant
水耕類

想要火鶴開花就需要針對開花的「開花肥」。但是火鶴花的花朵開得多，則關係到「葉子長得旺不旺」。

每一片葉子都代表可能有一個開花的機會。每個葉子的基部都有芽點，都有可能開花。當我們把火鶴花養得夠大、夠老、夠久、葉子夠多，才有機會多開花，至少葉子要長十幾片。

火鶴花看品種，古老的盆栽種，五六片葉子，大約只能開兩三朵。但是比較新的品種，或是農民使用新的栽培技術，隨著葉子增多，大大增加開花的機會。火鶴花本來就是開花數量不多的植物，千萬不要貪心。開花之後，火鶴花一朵可以維持一個月左右。

養火鶴花提供的光線必須足夠，才能讓它開花。若只靠室內點燈，是很勉強的光線，若點燈的亮度不夠，容易造成火鶴花的葉子抽很長，有徒長的現象。

開花肥來促進開花

火鶴花天生就是長得很慢的植物，所以種火鶴花不要急，就算開一朵花，也有一個多月的賞花期。施用長效性的開花肥，就足以供應開花的需求。

Q&A
54

辦公室裡的開運竹，我才買來沒多久，不到一個月就一根接著一根枯了，是生了什麼怪病嗎？

開運竹以前的俗稱叫做「青竹」，它的學名叫「竹蕉」，後來改名叫開運竹，最常見到的商品化產品就是做成水耕的狀態。會發生開運竹一根一根枯掉了，通常的是感染「莖枯病」，最後導致莖整個枯掉了。

Plant
水耕類

感染途徑

從根或從開運竹上面的切口入侵，因為它是切一段一段去水耕，所以每一段都有傷口，切口、泡水的地方等都有可能被感染。

我們在挑選開運竹時要注意，每一根開運竹的切面都不要有發黑的現象，有發黑表示可能已經感染了。有的商人會在上面塗白白的殺菌劑，有塗就有預防，如果很不幸從水讓病菌侵入，會慢慢充斥植物裡面，產生的症狀是皺縮，本來健康壯壯的開運竹，開始變瘦瘦的、有一些皺紋，更嚴重就是枯掉，這些變黃的地方開始長黑黑的、像黑胡椒顆粒的東西，那就是它的孢子囊群，要是放著不管，那個顆粒掉到水裡，會造成別枝傳染。

處理方法

把枯的那根抽離，枯幾根抽幾根，如果抽離其中一根造成整盆崩散開來，只能拿回原店家協助重綁、重新設計。

Q&A
55

Plant
水耕類

Question

辦公桌上的開運竹長得很好，但是它的芽長得太大了，越看越怪，這些粗壯的芽，該怎麼處理才好呢？

Answer

許多人買開運竹多半喜歡它的造形，可是當芽長得太大，或變得太瘦，就不好看了。所以怎麼辦？從哪裡剪？一旦剪到枝，便很難再發，已經發了芽的，請剪到「這個芽的基部」才是正確的。

開運竹屬於最終會衰敗的植物。現階段它被切離母體之後，只有靠枝幹的養分供應生長，水只是讓它活下去，但是無法估計撐多久，也許幾年，也許十幾年都很難說，但是最終就是慢慢地衰弱。

適時加肥料補助養分

在水裡加肥料有助於延長生命，但是要慎重。一個不漏水的容器，當你加了肥料，水分會蒸發，多餘的肥料會一直滯留其中，越久越濃。如果沒有常換水的話，等到濃度到一定的程度，根會萎縮。肥料基本上是結晶鹽類（礦物鹽），礦物鹽濃度太濃，等於醃泡菜的原理，用鹽巴去醃植物，會將裡面的水分抽出來，就會造成植物乾癟、脫水。

在固定換水的狀況之下，水耕的植物可以施肥，更好的方法是，直接把肥料噴到葉子上，進行「葉面施肥」。

施肥比例

一公升的水壺，稀釋1000倍就是加1g的肥料，稀釋後再噴，要淋要噴都可以。肥料要不要加，重點再斟酌，要用對方法。

切的位置

植物常備營養品豆知識

【肥料分類】

肥料大致可區分為：

1 礦物原料調配而成、2 化學合成（化學肥料）、3 動植物的產物（有機肥料）

本書的植物以「室內環境」為主。針對室內環境要的是乾淨、無異味，所以推薦室內使用的化學肥料，因為有機肥料有時發酵不完全，味道會引來一些昆蟲，反而造成照護者居家困擾。

坤燦老師建議

用什麼肥料優先要考量的是：植物需不需要施肥？

如果植物長得好，則不用施肥；當植物長得不好，先思考「為什麼不好看？」先排除原因，再來思考是不是缺肥料。通常室內栽培不是很需要施肥。

肥料不要一次買很大包，先買「通用型」，通用型指大部分植物都適用，不要買專用的。比如觀葉植物專用，或是多肉植物專用，開花植物專用，萬一以後不再種這些植物，便浪費了。

【肥料介紹】

化學肥料

化學肥料依照製成的產品，分為加水稀釋的肥料，有粉狀或是液體，稱為液體肥料。另一種是做成顆粒狀的肥料。

1 顆粒肥料

顆粒肥料通常是持續型的、持久型的，只要將它放到土裡，它會慢慢釋放出有效成分，讓植物慢慢吸收，所以顆粒肥料通常放一次可以維持一百天，因為不同公司做的不一樣，所以有的維持九十天不等。

2 液體肥料

液體肥料效用快，容易被植物的葉片和根部吸收，水容易從底部流掉，流失也多。以室內環境來講，通常放顆粒肥料就綽綽有餘了。液體肥料可針對想要立即改善的狀況。譬如：葉片不夠綠，或是空氣鳳梨沒地方放肥料所以用噴的。

生活系
008

植物夥伴疑難雜症照護事典

作者	陳坤燦
文字校對	陸莉娟
插畫	陳怡今
總編輯	陳秀娟
美術設計	TODAY STUDIO
印務	黃禮賢、李孟儒

社長	郭重興
發行人兼出版總監	曾大福
出版	銀河舍出版／遠足文化事業股份有限公司 地址：231新北市新店區民權路108-3號8樓 粉絲團： milkywaybookstw 電話：(02)2218-1417 傳真：(02)2218-8057
發行	遠足文化事業股份有限公司 地址：231新北市新店區民權路108-2號9樓 電話：(02)2218-1417 傳真：(02)2218-1142 電郵：service@bookrep.com.tw 郵撥帳號：19504465 客服電話：0800-221-029 網址：www.bookrep.com.tw
法律顧問	華洋法律事務所 蘇文生律師
印製	中原造像股份有限公司 電話：02-2226-9120
初版一刷	西元2020年01月
特別聲明	有關本書中的言論內容，不代表本公司/出版集團之立場與意見，文責由作者自行承擔

國家圖書館出版品預行編目（CIP）資料

植物夥伴疑難雜症照護事典／陳坤燦著. -- 初版. -- 新北市：銀河舍出版：遠足文化發行, 2020.01
144 面；14.8×21公分. --（生活系；8）ISBN 978-986-98508-0-3（平裝） 1.盆栽 2.園藝學
435.11 108019604

WIKIGUIDE
TO
BASIC CARE
OF
HOUSEPLANTS